ラオス在来魚類研究

～在来種の養殖適用と資源保全～

森岡 伸介　編著

農林統計協会

－目　次－

序　文
－ 本書の発刊にあたって －

国立研究開発法人　国際農林水産業研究センター（略称　国際農研または JIRCAS）は，2006年より現在に至るまでラオス人民民主共和国（以下ラオス）において多岐にわたる水産関連分野の共同研究を実施してきました．その背景には，近年ラオスが抱える食料問題，とりわけ動物性タンパク質の欠如に起因すると考えられる国内の慢性的な貧栄養状態の問題，中でも山間部農山村における栄養摂取不足があげられます．ラオスは2000年前後に米に関しては自給を達成しており，また近年目覚ましく成長している経済状況の下で，カロリーベースでは必要摂取量を十分に満たしているとされていますが，動物性タンパク質あるいはミネラル・ビタミンなどの摂取不足による「見えざる飢餓（hidden hunger）」に起因する成長不良や低寿命などが顕著です．動物性タンパク質源の増産は「見えざる飢餓」の改善に必須の要素ですが，経済的に恵まれない農山村部では，コストのかかる畜産業を通じたタンパク質増産は容易でなく，それよりも比較的低コストで簡易に実施することのできる魚類養殖の必要性が謳《うた》われてきました．しかし，これまでラオスでの養殖の主役は一貫してナイルティラピアなどの外来種であり，今ではそれら外来種が天然水域に定着・繁殖し，在来の生物相の保全にネガティブな影響を与えていると懸念されています．そこで我々は，共同研究の初期にはラオスの在来魚類の養殖技術，あるいはそれらの資源管理にも資する生態の調査を行い，また研究を通じて得られた知見や技術を養殖業者・漁民の皆さんに移転する活動も行ってきました．その後，魚類そのものの栄養価値を詳細に調査するとともに，魚類を材料とした発酵食品の製法に関する技術改善や，それらの農山村域における利用状況の調査も並行して行っています．これらの調査研究活動を通じ，養殖振興や漁業資源の管理によって生産量（供給量）を増加するとともに，生物多様性保全にも貢献することを目指し，さらにそれら魚類の効率的な活用を通じて，特に動物性タンパク質の不足が懸念されているラオスの農山村域における栄養改善に資することも目的としています．

本書では，ラオスにおける水産分野の現況の大要を紹介するとともに，これまで我々国際農研（JIRCAS）が，ラオスの共同研究機関である国立農林研究所（National Agriculture and Forestry Research Institute，略称 NAFRI）内の水産研究機関である水生生物資源研究所（Living Aquatic Resources Research Center，略称 LARReC）とともに，2006 年以降 2019 年にかけて実施してきた研究活動の実例のいくつかを示し，どのような成果が上げられたかについて若干の余談を交えながら記されています．これまで 10 年以上に渡る共同研究の成果とは言え，まだまだ取り組むべき研究課題は数多く残されているのが実情です．しかし，2020 年には国際農研と NAFRI の共同研究が開始されてから足掛け 15 年という節目の時期を迎えるにあたり，これまで得られた成果についていったんこれらの概要を整理し，今後のラオスの水産研究・行政に資する情報を示すとともに，ラオスやその周辺の水産や魚類に関心のある方々に情報を提供する意味合いから本書を発刊することとした次第です．

末尾となりますが，本書の発刊にあたって，これまでラオスで我々が行ってきた水産関連の研究プロジェクトについて，多大なご協力・ご支援を頂いた下記の皆様に深く感謝の意を表します．

北村　章二（きたむらしょうじ）氏　（元国際農研　水産領域長）

前野　幸男（まえのゆきお）氏　（元国際農研　水産領域長，前水産研究・教育機構中央水産研究所　所長）

首藤　宏之（すどうひろゆき）氏　（元国際農研　水産領域長）

藤井　徹生（ふじいてつお）氏　（国立研究開発法人　水産研究・教育機構　水産資源研究所　水産資源研究センター　副センター長，前国際農研　水産領域長）

阿部　寧（あべおさむ）氏　（国際農研　水産領域長）

崎山　一考（さきやまかずたか）氏　（国立研究開発法人　水産研究・教育機構　水産技術研究所　生産技術部　部長）

井口　恵一朗（いぐちけいいちろう）氏　（長崎大学　大学院　環境科学領域　教授）

安藤　益夫（あんどうますお）氏　（宇都宮大学農学部　教授，元国際農研　社会科学領域　領域長）

齋藤　昌義（さいとうまさよし）氏　（国際農研　企画連携部長）

山本　由紀代（やまもとゆきよ）氏　（国際農研　高付加価値化プログラム　プログラムディレクター）

松尾　和之（まつおかずゆき）氏　（静岡県立農林環境専門職大学　教授，元国際農研　インドシナ農山村プロジェクト　プロジェクトリーダー）

松本　成夫（まつもとなるお）氏　（国際農研　BNI プロジェクト　プロジェクトリーダー，元インドシナ農山村プロジェクト　副プロジェクトリーダー）

2021 年 1 月

国立研究開発法人　国際農林水産業研究センター

農山村資源活用プロジェクト　プロジェクトリーダー／水産領域　主任研究員

森岡　伸介

著者一覧

主著者

国際農林水産業研究センター

森岡　伸介（もりおかしんすけ）（農山村資源活用プロジェクト　プロジェクトリーダー／水産領域　主任研究員）

副著者

国際農林水産業研究センター

羽佐田　勝美（はさだかつみ）（農村開発領域　主任研究員）

丸井　淳一朗（まるいじゅんいちろう）（生物資源・利用領域　主任研究員）

川村　健介（かわむらけんすけ）（社会科学領域　主任研究員）

藤田　かおり（ふじたかおり）（生物資源・利用領域　主任研究員）

水産研究・教育機構

杉田　毅（すぎたつよし）（水産技術研究所　主任研究員）

ラオス国立農林研究所（National Agriculture and Forestry Research Institute）

Bounsong Vongvichith（水生生物資源研究所　養殖課　課長）

Philavanh Boutsavath（計画協力局　研究員）

国立ラオス大学（National University of Laos）

Sayvisene Boulom（農学部　農村経済食品工学科　講師）

第Ⅰ章　ラオスの水産－漁業と養殖の概観－

森岡伸介・Bounsong Vongvichith

ラオス人民民主共和国（以下ラオス）の国土面積は約 24 万 km^2 で，その広さは日本の本州の面積にほぼ匹敵する．しかし，人口は 2020 年時点で 725 万人弱と，日本の人口約 1 億 2 千万人と比べるとはるかに少なく，人口密度も低い（Worldmeters 2020）．またこの国は，人口の約 7 割が米作を主体とした農業もしくはその関連産業に従事している農業国であるとともに，中国，ベトナム，カンボジア，タイ，そしてミャンマーと国境を接する内陸国であり，海岸線を持たない（図 1）．したがって，同国で産する水産物の 100% を内水面漁業・養殖に依存しており，海産物の調達は輸入のみとなっている．

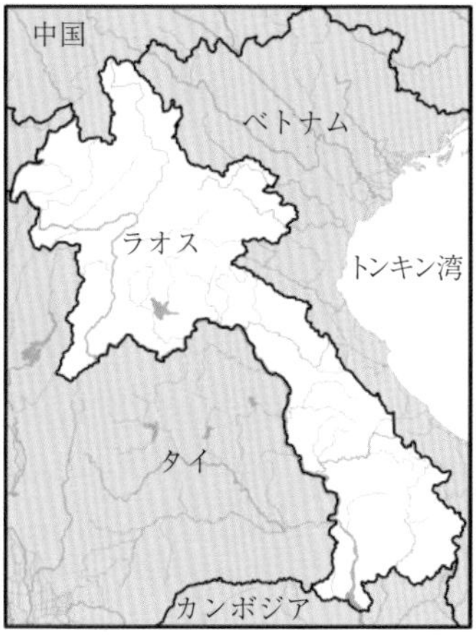

図 1　ラオス全土

同国の水産物の主な生産場所はメコン川本流およびその支流河川（総流域面積約 202,000km^2）（國枝 2008）や，国内最大の発電ダムであり同時に最大の湖でもある Nam Ngum 湖（湖面面積 8,460km^2）（Bartlett et al. 2012）をはじめとする人造湖および天然湖沼，そして溜め池や水路・水田などの農業関連水塊《すいかい》である．インドシナ半島全体に広汎に分布するこうした河川・湖沼や農業関連水塊には多様な天然の在来魚類が分布している．その種数はメコン川流域で 1,200 種を超えるとの推定もあり（Sverdrup-

Jensen 2002)，地球上でアマゾン川に次いで豊かな魚類の多様性を有する流域なのである．その中で，ラオス国内だけでも約480種（Phonvisay 2013），あるいは600種弱（FishBase 2020）の在来魚類が分布していると推定されており，その多くが食用となっている．しかし，近年になりそれら魚類資源の乱獲による減少が強く懸念されており（Cacaud and Latdavong 2008），漁獲量や漁法に関する法や規則を整備する必要性が指摘されている．また，こうした乱獲の懸念に加え，現在も増え続けているラオスの人口（年間増加率約1.5%）（Worldometers 2020）による都市部の拡張や，それに伴い耕作面積も急速に広がりつつあり，魚類の生息水域においても水質変化や狭域化といった大きな変化が生じている．こうした状況に加え，人口増加に伴う食糧増産の必要性も大きく，それに応じた魚類養殖の振興も2000年代以降に急速に進められてきた（Phonvisay 2013）．しかし，現在ラオスで養殖の対象とされているのは，主にアフリカ原産の外来種であるカワスズメ科（Cichlidae）のナイルティラピア *Oreochromis niloticus*，あるいは中国からの移入種である大型のコイ科（Cyprinidae）の魚類各種（コイ *Cyprinus carpio*，ハクレン *Hypophthalmichthys molitrix* など）であり，またアフリカ原産のヒレナマズ科（Clariidae）のアフリカヒレナマズ *Clarias gariepinus* と東南アジア在来のヒレナマズ *C. macrocephalus* のハイブリッド*の養殖，あるいはアフリカヒレナマズそのものの養殖も盛んである．

ラオスの水産の実態を推し量るうえで，漁業・養殖生産量を合わせた水産物の総生産量の変動は，国内での供給量を大まかに把握するための重要な情報だが，残念ながら現時点では正確に把握されているとは言い難い．例えばメコン川の水資源の利用や周辺の流域管理を調整する目的で設立された国際機関のメコン川委員会（Mekong River Commission**，略称MRC）によれば，ラオスの漁業生産量は年間約90,000t，養殖生産量は約55,000tと推定されているが（Phonvisay 2013），一方で同国農林省（Ministry of Agriculture and Forestry，略称

---

* 交雑種のこと．ラオスではアフリカヒレナマズのオスと在来のヒレナマズのメスの交雑種の養殖が主流

** 東南アジアのメコン川に接するタイ，ラオス，カンボジア，ベトナムの4ヵ国を加盟国とする同川の水資源・流域管理等の調製を担う国際機関

MAF）によれば漁業生産が年間30,000-60,000t，養殖生産量が80,000-100,000tとの報告もあり（MAF 2007, 2009, 2011, 2014, 2016），両者の数値は大きくかけ離れている．本書では，便宜上ラオス政府機関であるMAFの統計を主に用いることとするが，必ずしも正確な情報でない可能性があることを留意願いたい．

Ⅰ-1　ラオスの漁業

先に述べたように，ラオスには最大で600種弱の魚類が生息すると推定されており，その多くが食用とされている．しかし，専《もっぱ》ら漁業を生業《なりわい》とする漁師は，同国中北部に位置するNam Ngum湖をはじめとする大規模な湖沼やメコン川本支流などの大規模な水塊の周辺には存在するものの，その他の漁業者の多くは農業を生業としながらその傍《かたわ》ら身近な水塊において漁労も営み，日々の糧にするとともにそれらを販売することで現金収入源としている兼業漁民である（表1）．

市場での販売を目的に商業的に漁獲される魚類の多くは比較的大型の魚種で，例えばナマズ類ではパンガシウス科（Pangasiidae）の*Pangasius*属，*Pangasianodon*属，ナマズ科（Siluridae）の*Wallago*属や*Kryptopterus*属，ギギ科（Bagridae）の*Hemibagrus*属，コイ科（Cyprinidae）では*Probarbus jullieni*, *Cyprinus carpio, Cirrhinus microlepis, Hampala dispar*など，またタイワンドジョウ科（Channidae）の*Channa striata*などが主要な対象種となっている（図2）．これらの魚類の多くは，メコン川本流・支流や中大型の湖沼などの比較的大規模な漁場で漁獲されており，釣り，延縄，刺し網，投網など，様々

表1　ラオスの内水面漁業の概要［Phonvisay（2013）より抜粋・改変］

漁業水塊	漁業面積（ha）	漁師の業態
メコン川本支流	304,704	専業漁師有り
大型湖（Nam Ngumダムなど）	96,030	専業漁師有り
小規模湖沼，湿地帯等	114,800	農漁兼業
灌漑溜め池等	60,000	農漁兼業
水田，小河川等	662,850	農漁兼業
計	1,238,384	

図２　ラオスの市場で見られる大型の魚たち

a：*Probarbus jullieni*，b：*Cirrhinus microlepis*，c：*Hampala dispar*（以上コイ科），d：*Hemibagrus wyckioides*（ギギ科），e：*Wallago* 属の一種（ナマズ科），f：*Channa striata*（タイワンドジョウ科）

な漁法を用いて獲られている．

一方，小型の魚の漁獲も盛んで，大型の河川・湖沼から離れた山間の農村部では，身近な水塊，例えば水田や農業水路，あるいは灌漑用の溜め池などに分布するほぼあらゆる小型魚を自給食用としている．これらの魚の中には海水に起源を持ちながら進化を経て淡水種として種分化したニシン科（Clupeidae），タカサゴイシモチ科（Ambassidae），あるいはダツ科（Belonidae）などの魚類も含まれる（図3）．特にラオスでパ・ケオ（Pa keo）と呼ばれる小型のニシン科魚類 *Clupeichthys aesarnensis*（図3）は，国内最大の発電ダム湖である Nam Ngum 湖で大量に漁獲されており（年間約 2,000t と推定）（Mattson et al. 2000），乾物あるいは発酵魚としての需要が極めて高い．この魚は光への蝟集《いしゅう》性が高いため，漁師は夜間に集魚灯で水面を照らし，そこに集まった群れを四手網《よつであみ》で一網打尽にすることで大量に漁獲している．また，その他小型種についても，上述のタカサゴイシモチ科の一種 *Parambassis siamensis*，小型のコイ科の *Esomus*

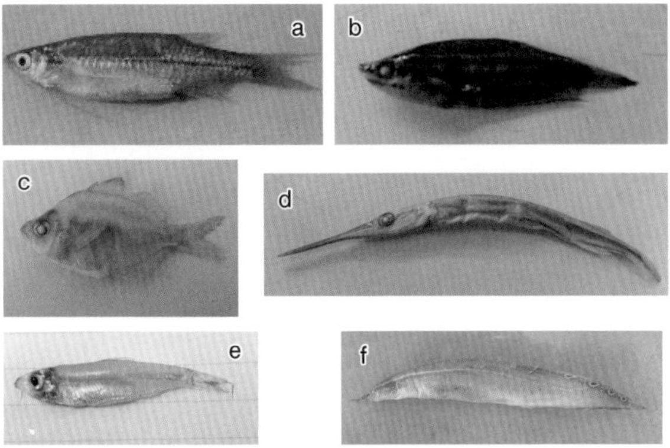

図3　山間農村部で見られる身近な魚類

a：*Esomus metallicus*（コイ科），b：*Trichopsis vittata*（オスフロネムス科），c：*Parambassis siamensis*（タカサゴイシモチ科），d：*Xenentodon cancila*（ダツ科），e：*Clupeichthys aesarnensis*（ニシン科），f：*Macrognathus siamensis*（トゲウナギ科）

metallicus や *Rasbora* 属の各種は食用として日常的に農村部で漁獲されており，トゲウナギ科（Mastacembelidae）の *Macrognathus siamensis* の小型の未成魚もその味の良さから高い市場性を有している（図3）．

しかし，これらの多様な在来魚類については，分類学的な知見は豊富に存在するものの（Rainboth 1996; Kottelat 2001 など），資源管理や種の保全に資する生態学的な情報は極めて限定的である．とりわけ市場価値の高いニシン科の *C. aesarnensis* やタイワンドジョウ科の *C. striata*，あるいは大型のナマズ類（*Pangasius* 属や *Pangasianodon* 属）やギギ科（*Hemibagrus* 属）の各種には高い漁獲圧がかかっていると考えられ，それらの資源水準の低下が強く懸念されているが，資源保全の観点からの科学的な知見はほとんど見られない．過去に国連食糧農業機関（FAO）が漁民へのインタビュー情報を基に推定した資料（図4），あるいはラオス農林省（MAF）の統計資料によれば，1980 年代以降約 30 年間にわたり同国の漁業生産量は年間 30,000t 前後で推移しており，その間の人口増加を考慮すると（図4），食用魚に対する需要は高まり漁獲圧が増しているにもかかわらず漁獲量が伸び悩んでいるものと考えられ，ラオスの漁業資源が総体的に乱獲状態である可能性は高い．一方で，MAF の統計情報の上では，2012 年以降は漁業生産量が増加傾向を示しており，同省はこれを近年の資源管理が奏功した結果としているが（MAF 2014, 2016），筆者らは必ずしもそうとは考えていない．そもそも筆者らが知る限り，ラオスにおいてこれまで資源管理について積極的かつ実態的な政策が行われてきた形跡はほぼない．さらに加えて言えば，先述したようにラオスでは重要な漁業対象種に関する資源学的な調査例がこれまでほぼ皆無であることに加え，国内各所に無数に存在する市場における販売実績のデータもごく限定的であるために，統計情報自体の信頼性が低い．こうした背景に加え，人口増加に伴う都市部や耕作地帯の拡張に起因す

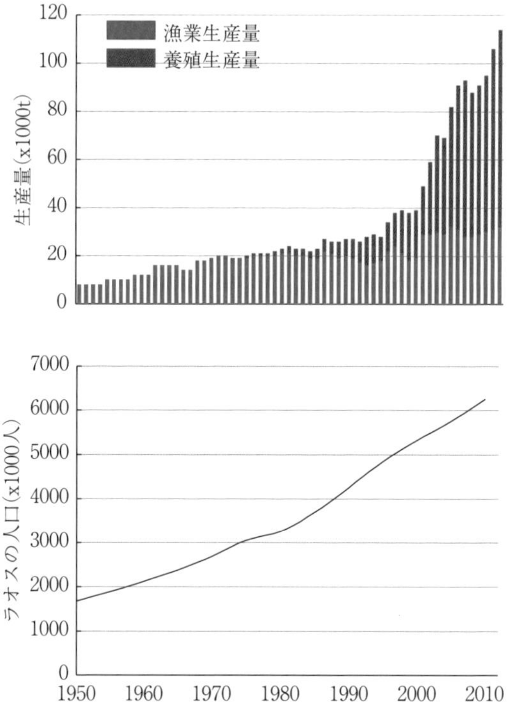

図 4　ラオスにおける 1950 年代以降の漁業・養殖生産量および人口の推移

FAO 2016; Worldmeters 2020

る環境悪化も，乱獲以外の資源水準の重要な低下要因であると考えられ，今以上の漁業生産の上積みは難しいと言わざるを得ない．例年7月に政府主導による魚の放流事業が行われてはいるものの，これは隣国のタイ王国で「タンブン」と呼ばれる仏教上の功徳を積むための行為と言った意味合いも強く，稚魚の放流数や場所も限定的である．なおかつこの放流事業の際に外来種であるナイルティラピアなどが放流されているという情報もあり，在来魚類の多様性への影響を考慮すると，こうした放流が有効な資源増殖手法とは到底言えないだろう．

さらに，養殖目的で導入された外来種が周辺の天然水域に逸散し，その後繁殖個体群を形成することで定着し生息域を広域化することで，在来魚類相の保全や資源量に深刻な影響を与えている可能性も極めて高い．現在ラオスでは，少なくとも22種の外来種が定着しているとの報告があり（Kottelat 2001），その多くは域内の在来魚類の多様性や資源の保全に対する潜在的な脅威となっている．表2にはこれまでに把握されている人為的な移植を通じてラオスに定着した外来種の例を記しているが，こうした外来種の数は年々増加していると考えてよいだろう．例えば表中のカラドジョウ *Paramisgurnus dabryanus* は中国原産のドジョウ科魚類であるが，2018年にラオス国内での存在が初めて明らかとなったもので，同種と生息域が重複するラオス在来のドジョウ科（*Lepidocephalichthys* 属など）の資源水準やその多様性にもネガティブな影響を与えかねないとして，新たな懸念材料となっている．

このような背景から，漁業上有用な在来種で乱獲の可能性がある魚種，あるいは漁業上の価値は低くとも域内の魚類の多様性保全の観点から重要と考えられる在来種に関する資源生態学的な調査の必要性は極めて高い．もちろんこの地域には膨大な種数の在来魚類が存在するので，これらを網羅的に調査することは不可能であるが，我々の活動では資源保全に資する生態的情報を得ることを目的に，数種の在来種について継続的に調査を行っている（第Ⅷ，Ⅸ，ⅩおよびⅪ章参照）．

表2　ラオスに移植され定着している外来魚類の例

種名（和名もしくは和通称）	移植元	食性	移植目的
コイ科 Cyprinidae			
Abbottina rivularis（ツチフキ）	中国（?）	雑食	養殖／漁業？
Metzia lineata	中国（?）	雑食	漁業？
Pseudorasbora parva（モツゴ）	中国（?）	雑食	漁業？
Cyprinus carpio（コイ）	中国	雑食	養殖／漁業
Labeo rohita	ミャンマー	雑食	養殖
Cirrhinus cirrhosus	インド	雑食	養殖
Gibelion catla	ミャンマー	雑食	養殖
Carassius auratus（キンギョ）	中国	雑食	養殖／漁業
Hemibarbus labeo	中国	雑食	養殖／漁業
Hemibarbus maculatus	中国	雑食	養殖／漁業
Hypophthalmichthys molitrix（ハクレン）	中国	雑食	養殖
Hypophthalmichthys nobilis（コクレン）	中国	雑食	養殖
Ctenopharyngodon idella（ソウギョ）	中国	草食	養殖
カワスズメ科 Cichlidae			
Oreochromis niloticus（ナイルティラピア）	タイ（アフリカ原産）	雑食	養殖
Oreochromis mossambicus（カワスズメ）	タイ（アフリカ原産）	雑食	養殖
ヒレナマズ科 Clariidae			
Clarias gariepinus（アフリカヒレナマズ）	タイ（アフリカ原産）	肉食	養殖
カダヤシ科 Poeciliidae			
Gambusia affinis（カダヤシ）	北中米	雑食	防虫
ドジョウ科 Cobitidae			
Paramisgurnus dabryanus（カラドジョウ）	中国	雑食	養殖／漁業

Davidson（1975），Welcomme（1988），Csavas（1995），FAO（1996），Kottelat（2001）に基づいて作成．

I－2　ラオスの養殖の現状と在来魚類養殖の今後の可能性

上述のように，ラオスでは天然資源を対象とした漁業が生産量の点では開発上限に近いと考えられることから，今後の水産物の増産には養殖の発展が不可欠であるのは言うまでもない．事実，1980年代より養殖の振興はラオスにおいて重要な国家指針の一つとされており，その生産量は2000年代以降に急速な増加を示している（図4）．しかし，先述したように，ラオスでの養殖は圧倒的に外来種に依存しており，2000年の時点での養殖対象種はその100%がナイルティラピアをはじめとする外来種によって占められていた（Yakupitiyage and Bhujel 2005）．その後はパンガシウス科のカイヤン *Pangasianodon hypophthalmus* などの大型ナマズ類やコイ科のジャワゴイ *Barbonymus gonionotus* などの在来種の養殖が徐々に増えつつあるものの，未だに養殖生産量の大半（おそらく70%以上）は外来種に占められていると思われる．しかし，先に述べたように，こうした外来種の天然水域への逸散・定着による在来生物の多様性に与える弊害を考慮すると，今以上の外来種養殖の振興は抑制的であるべきあろう．ラオスは，「生物多様性条約（Convention on Biological Diversity, CBD）*」の批准国ではあるものの（1996年批准），我が国の「外来生物法」（2005年制定）のような外来種の管理（外来種の違法放流やキャッチアンドリリース**禁止など）を規制する国内法を有さないために，養殖業者の外来種管理も極めてルーズである．特に，雨季の間の増水・洪水などにより，飼育施設から容易に外来種が外部の天然水域に散逸することで，多くの外来種が繁殖個体群を形成し，今では完全に定着している現状がある．

こうした背景から，我々のプロジェクトでは，特に農村部での動物性タンパク質の供給増を目的とした小規模養殖に好適な在来魚種について，種苗生産技術の開発を2006年以来継続して行ってきた．2006年当時は，ラオスで種苗生産が行われていた在来種は，民間業者が精力的に養殖を行っていた上記のパンガシウス科ナマズのカイヤン（*P. hypophthalmus*），およびコイ科のジャワゴイ（*B. gonionotus*）のみであった．当時ラオスで研究協力を行っていたフランスの研究機関のCIRAD（Centre International de la Recherche Agronomique pour le Dévelopment）が，その他の大型ナマズ類（*Pangasius* 属，*Pangasianodon* 属，*Hemibagrus* 属など）や大型コイ科（*Cirrhinus* 属，*Probarbus* 属など）の種苗生産研究を行っていたが，農民による小規模養殖を前提とした技術としてはこれらの技術は現時点では定着していない．こうした現状から我々は，特に小規模業者でも自立的に運営することの可能な技術の開発を念頭に，その他の様々な在来魚種の種苗生産技術の開発に取り組み，これまで表3に示したラオス在来の各

---

* 生物多様性を「種」「遺伝子」「生態系」の3つのレベルで捉え，その保全などを目指す国際条約．1992年に国連環境開発会議で採択．現在195の国・地域が締結

** 釣った魚を生きたまま再度放流すること

魚種について技術開発に成功している．

表3の魚種の中で，現在はキノボリウオ *A. testudineus*（キノボリウオ科）とジャイアントグラミー *O. goramy*（あるいは *O. exodon*）（オスフロネムス科）を主要な対象種として技術開発を進めるとともに，上述したジャワゴイ *B. gonionotus*（コイ科）とカイヤン *P. hypophthalmus*（パンガシウス科）についても，小規模農家による経営が可能な養魚対象種として，持続可能な養魚手法に関する調査を行っている（図5）．これらの4魚種を対象種として選択した基準は，飼いやすさ，成長速度，住民の嗜好《しこう》性および市場価値の観点による．

各種の種苗生産や養殖の具体的な技術開発事例については後の章（第Ⅲ，Ⅵ，Ⅶ章）で触れることとするが，肉食性のキノボリウオについては，農村での主な養魚場となる溜め池や水田などへの放流密度を低く抑えることで，無給餌あるいは少量給餌のもとでも一定程度の養殖生産性が期待できることが実証されており（Vongvichith et al. 2018），また雑食・草食性の強い他3種については，施肥などにより天然餌料の発生を促した水田や溜め池における粗放的な養殖手

表3　国際農研の活動を通じて種苗生産技術が開発されたラオス在来魚種

種名（和名もしくは和通称）	試験実施年	食性
キノボリウオ科 Anabantidae		
Anabas testudineus（キノボリウオ）	2007 [1]	肉食
オスフロネムス（グラミー科）Osphronemidae		
Trichopodus pectoralis	2007 [2]	雑食
T. trichopterus	2010 [3]	雑食
Osphronemus goramy（ジャイアントグラミー）	2011 [4]	雑食
O. exodon（ジャイアントグラミー）	2011 [4]	雑食
ヒレナマズ科 Clariidae		
Clarias macrocephalus（ヒレナマズ）	2011 [5]	雑食
ギギ科 Bagridae		
Hemibagrus filamentus	2009 [6]	肉食
コイ科 Cyprinidae		
Hypsibarbus malcolmi	2009 [7]	雑食

1) Moiroka et al. (2009), 2) Morioka et al. (2010), 3) Morioka et al. (2012), 4) Morioka et al. (2013b), 5) Morioka et al. (2013a), 6) Morioka et al. (2011), 7) Ogata et al. (2010). 表中の *Trichopodus* 属2種は以前は *Trichogaster* 属とされていた［Eschmeyer et al. (2017) により改定］.

図5　主要な養殖対象魚として研究対象としているラオスの在来魚類4種

a：キノボリウオ *Anabas testudineus*（キノボリウオ科），b：ジャワゴイ *Barbonymus gonionotus*（コイ科），c：カイヤン *Pangasianodon hypophthalmus*（パンガシウス科），d：ジャイアントグラミー *Osphronemus exodon*（オスフロネムス科）

法への親和性は高い．また，ジャワゴイを除く3種については，これらの種は地方部の市場でほとんど販売されることはなく希少性もあることから，農家の自給のための生産だけではなく，販売による収益をも期待できる．我々の活動では，こうした在来魚類を有効に活用し，地方農村部における自立的経営が可能な養魚形態，具体的には生け簀などの過度なインフラ投資を必要とせず，また人工餌料の給餌量を低減することで低コストでも運営することが可能な技術の確立を目指している．

参考文献

Bartlett R, Baker J, Lacombe G, Douangsavanh S, Jeuland M (2012) Analyzing economic tradeoffs of water use in the Nam Ngum River Basin, Lao PDR. Working Paper EE 12-10, Duke Environmental Economics Working Paper Series, Duke University, Durham. 37pp

Cacaud P, Latdavong P (2008) Fisheries and aquaculture in the Lao PDR – a legislative review. FAO Regional Office for Asia and Pacific, Bangkok. 71pp

Csavas I (1995) Recommendations for responsible aquaculture. In: Bagarinao TU, Flores EEC (eds) Towards Sustainable Aquaculture in Southeast Asia and Japan. SEAFDEC Aquaculture Department, Iloilo. pp.1-12

Davidson A (1975) Fish and fish dishes of Laos. Imprimerie Nationale Vientiane.. 206pp

Eschmeyer WN, Fricke R, van der Laan R (2017) Catalog of fishes: genera, species, references. http://researcharchive.calacademy.org/research/ichthyology/catalog/fishcatmain.asp

FAO (1996) Fishery Statistics: Capture production. FAO, Rome

Fishbase (2020) https://www.fishbase.in/country/CountryChecklist.php?what=list&trpp=50&c_code=418&csub_code=&cpresence=Reported&sortby=alpha2&ext_CL=on&ext_pic=on&vhabitat=fresh

Kottelat M (2001) Fishes of Laos. Wildlife Heritage Trust, Colombo. 198pp

國枝達郎（2008）メコン河委員会の現状．土木技術資料 50-12:26-29

Mattson NS, Balavong V, Nilsson H, Phounsavath S, Hartmann WD (2000) Changes in Fisheries Yield and Catch Composition at the Nam Ngum Reservoir, Lao PDR. pp. 48-55 In: Reservoir and culture-based fisheries: biology and management (ed De Silva SS). Australian Centre for International Agricultural Research, Canberra

MAF (2007) Agriculture statistic year book 2006. Ministry of Agriculture and Forestry, Lao PDR

MAF (2009) Agriculture statistic year book 2008. Ministry of Agriculture and Forestry, Lao PDR

MAF (2011) Agriculture statistic year book 2010. Ministry of Agriculture and Forestry, Lao PDR

MAF (2014) Agriculture statistic year book 2013. Ministry of Agriculture and Forestry, Lao PDR

MAF (2016) Agriculture statistic year book 2015. Ministry of Agriculture and Forestry, Lao PDR

Morioka S, Ito S, Kitamura S, Vongvichith B (2009) Growth and morphological development of laboratory-reared larval and juvenile climbing perch *Anabas testudineus*. Ichthyol Res 56:162-171

Morioka S, Ito S, Kitamura S (2010) Growth and morphological development of laboratory-reared larval and juvenile snakeskin gourami *Trichogaster pectoralis*. Ichthyol Res 57:24-31

Morioka S, Chanthasone P, Phommachan P, Vongvichith B (2012) Growth and morphological development of laboratory-reared larval and juvenile three-spot gourami *Trichogaster trichopterus*. Ichthyol Res 59:53-62

Morioka S, Vongvichith B, Phommachan P, Chantasone P (2013a) Growth and morphological development of laboratory-reared larval and juvenile bighead catfish *Clarias macrocephalus* (Siluriformes: Clariidae). Ichthyol Res 60:16-25

Morioka S, Vongvichith B, Phommachan P, Chantasone P (2013b) Growth and morphological development of laboratory-reared larval and juvenile giant gourami *Osphronemus goramy* (Perciformes: Osphronemidae). Ichthyol Res 60:209-217

Morioka S, Vongvichith B (2011) Growth and morphological development of laboratory-reared larval and juvenile *Hemibagrus filamentus* (Siluriformes: Bagridae). Ichthyol Res 58:245-254

Ogata Y, Morioka S, Sano K, Vongvichith B, Eda H, Kurokura H, Khonglaliane T (2010) Growth and morphological development of laboratory-reared larvae and juveniles of the Laotioan indigenous cyprinid *Hypsibarbus malcolmi*. Ichthyol Res 57:389-397

Phonvisay S (2013) An introduction to the Fisheries of Lao PDR. Mekong Development Series No. 6, Mekong River Commission, Phnom Penh. 62pp

Rainboth WJ (1996) Fishes of the Cambodian Mekong. FAO Species Identification Field Guide for Fishery Purposes. FAO, Rome. 265pp

Sverdrup-Jensen S (2002) Fisheries in the Lower Mekong Basin: Status and Perspectives. MRC Technical Paper No. 6, Mekong River Commission, Phnom Penh. 103 pp

Vongvichith B, Morioka S, Kawamura K, Mori, A (2018) Factors influencing fish productivities of rice paddy aquaculture: a case study in Vientiane Province, Central Laos. JARQ 52:359-366

Yakupitiyage A, Bhujel RC (2005) Role of exotic species in aquaculture: problems & prospects in Indochina. In: Bartley DM, Bhujel RC, Fung-Smith S, Olin PG, Phillips, MJ (eds) International mechanisms for the control and responsible use of alien species in aquaculture ecosystems, pp 27-30. FAO, Xishuangbanna

Welcomme RL (1988) International introductions of inland aquatic species. FAO, Rome. 318pp

Worldometers (2020) http://www.worldometers.info/

第Ⅱ章　ラオスにおける魚介類の位置づけ
－山村部の栄養摂取改善のカギとして－

森岡伸介・丸井淳一朗・羽佐田勝美・藤田かおり・
Bounsong Vongvichith・Sayvisene Boulom・
Philavanh Boutsavath

ラオスはバングラディシュに次いで世界で２番目に多くの米を食べるお国柄としても知られており，年間１人当たりの米の消費量は 160kg 以上と推定されている（バングラディシュは１人当たり約 170kg，日本は近年減少傾向で約 43kg）（Welcher and Prasertsri 2019）．米の自給に関しては，ラオスは 2000 年前後にこれを達成しており今では米の輸出国でもある．国際協力機構（JICA）が取りまとめたラオスの栄養プロファイルによると，豊富な米の消費量に支えられ，国民１人当たりのカロリー消費量は，１日に必要とされる量（2,100kcal）を優に超えているとされている（JICA 2018）．その一方で，５歳未満児の慢性栄養不良率が 44% と高く，また子供の貧血率も非常に高いともされており，貧栄養がもたらすと考えられる健康問題が強く指摘されている．つまり，カロリー消費量だけでは解決することのできない，動物性タンパク質やミネラル・ビタミン不足に起因するいわゆる「見えない飢餓（hidden hunger）」にラオスの多くの国民，特に子供たちがさらされていると考えられるのである．

ここで，ラオスの動物性タンパク質の供給源を見てみたい．この国は内陸国ゆえに海産物の直接の漁獲がないことに加え，このところ経済成長が著しいとは言え未だに後発開発途上国*に位置付けられており，国内の畜産・水産物の

---

* 国連開発計画委員会が認定した基準に基づき，国連経済社会理事会の審議を経て，国連総会の決議により認定された特に開発の遅れた国々

生産量や海外からの輸入量は限定的である．その結果，国全体における慢性的な動物性タンパク質の摂取不足が懸念されている．そこで，ラオスを含むアジア圏で米を主食とする国々（ここでは表 1 の 12 か国を対象とした）について，動物性タンパク質摂取量といくつかの指標との関連を概観してみよう．

表 1　アジア圏でコメを主食とする 12 か国と各国の年間 1 人当たり米消費量

（FAOSTAT 2018; Welcher and Prasertsri 2019）

国	コメ消費（kg/人/年）
バングラディシュ	172.3
ラオス	162.4
カンボジア	159.1
ベトナム	145.3
インドネシア	132.9
ミャンマー	129.2
フィリピン	118.6
タイ	111.3
中国	105
マレーシア	78.6
韓国	61.8
日本	43.4

まず動物性タンパク質の摂取量から見ると，この 12 か国の中ではラオスは著しくその摂取量が乏しい国である（1 日当たり約 14g，日本は約 48g）．また同国の平均寿命は現在約 66 歳であり，上記 12 か国の中で最も短命となっている（日本は約 84 歳）（WLE 2018）．ここで，各国の経済水準（1 人当たり年間 GDP）（外務省 2017）と寿命の関係を見てみると，経済水準が高い方が平均寿命は長くなる傾向が見て取れる（図 1）．その要因として，経済水準が高くなるにつれ，動物性タンパク質を含む食料資源の生産量・輸入量も増加し食材の多様化が進むとともに，医療・公衆衛生の水準も高くなることが挙げられよう．さらに，動物性タンパク質摂取量と平均寿命の関係を見てみると，寿命が短い国では動物性タンパク質摂取量が乏しい傾向がうかがえ（図 2），12 か国の中で下から 2 番目にタンパク質摂取量が少ないラオスでの短寿命の要因の 1 つである可能性が示唆される．さらに，国民の健康状況の指標の 1 つである 5 歳未満児の発育阻害率（stunting，年齢に不相応な低身長の子供の割合）を見てみると，動物性タンパク質摂取量が少ないほどこの率が高い傾向が観察され（WHO 2018），ラオスが最も高い（約 44%）（図 3）．

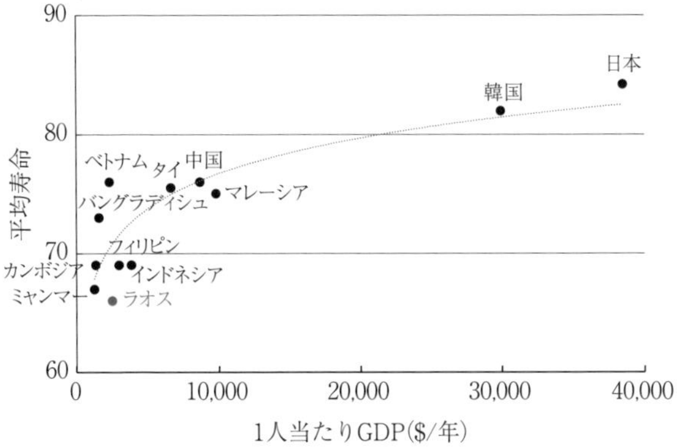

図1　アジア圏米食国（12 か国）における経済水準（1 人当たり GDP，米ドル）と平均寿命との関係.

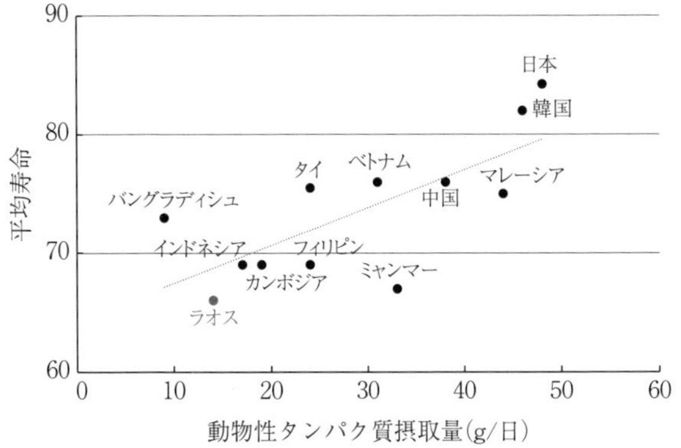

図2　アジア圏米食国（12 か国）における動物性タンパク質の1 日当たり摂取量と平均寿命との関係.

上記に加え，1 人当たりの米の消費量と動物タンパク質摂取量との関係を見てみると，1 人当たり米消費量が多いほど動物タンパク質摂取量は低く，平均寿命も短くなる傾向が見て取れる（図 4）.

こうした様々な指標，とりわけ動物性タンパク質摂取量や米の摂取量と平均寿命や 5 歳未満児の低成長率の関係から見ると，ラオスでは米の過剰摂取とそ

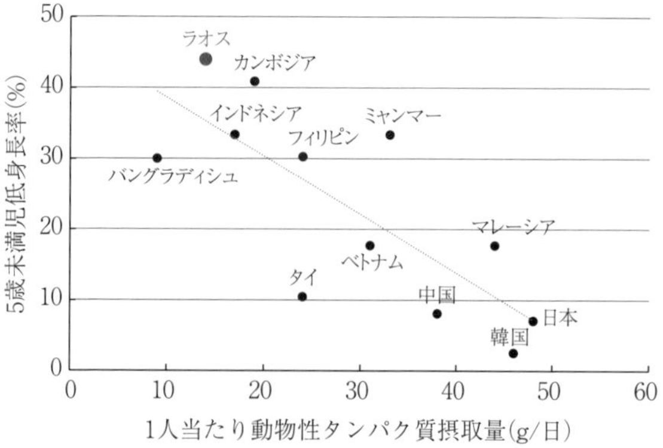

図3　アジア圏米食国（12か国）における動物性タンパク質の
1日当たり摂取量と5歳未満児の低身長率との関係.

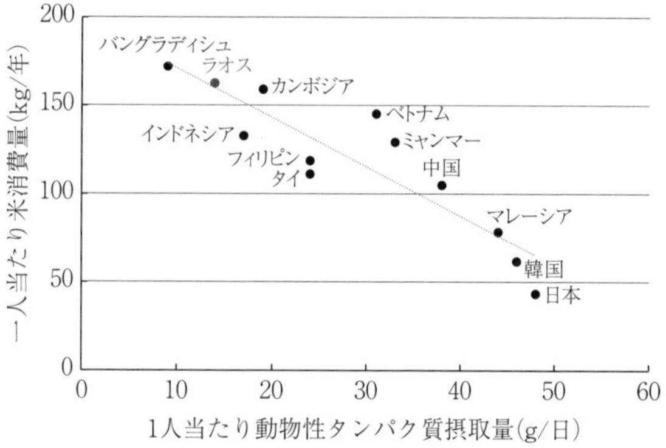

図4　アジア圏米食国（12か国）における1人当たり米摂取量（kg/年）と
動物タンパク質摂取量（g/日）との関係.

れに伴う動物性タンパク質摂取量不足が，5歳未満児の低身長率や寿命が低水準となる要因の1つであることが伺える．また，動物性タンパク質の総量だけでなく，それらが多く含有するカルシウムや鉄分などのミネラルも健康状態にかかわる重要な栄養成分である．したがって，ラオスにおける動物性タンパク質源の増産は，食料自給ポテンシャルの改善といった観点だけでなく，栄養摂取状態の改善，とりわけ子供世代の発育不足の改善のための必須の課題と言えるだろう．

このような全国的な動物性タンパク質の摂取不足傾向に加え，ラオス国内での栄養摂取状態の地域的な偏《かたよ》りはより一層深刻である．一般的に，都市圏（首都ビエンチャンなどの人口密集地）では平均収入水準が地方部に比べると相対的に高く富裕層が多い（増崎 2014）．すなわち購買力の高い人口が多いため，畜産，養鶏，養殖などの動物性タンパク質源の生産業はこれらの都市部の周辺地域で営まれるケースが多い．したがって，都市部の住民は周辺地域で生産された多様な食料資源を摂取することが可能であり，栄養摂取状態は比較的良好であると言える．その一方で，都市部から遠隔にある山間農村部では，低所得の世帯が多く動物性タンパク質源の生産あるいは購入自体が困難であることに加え，コールドチェーン・道路などの流通インフラが未発達なために，都市部周辺で生産された動物性タンパク質がこうした遠隔農村部に供給される機会も限定的である．このような現況から，山間部農村では動物性タンパク質の調達の半分以上を自給（採取や家禽等の小規模な飼育）に依存せざるを得ず，その摂取量も都市部と比較すると著しく少ない．羽佐田（未発表）によれば，首都ビエンチャンから約 340km 離れたラオス北部の某村では，成人および 5 歳未満時の双方で顕著な動物性タンパク質不足が観察されており，また北西部約 140km に位置する某村では，5 歳未満児で必要とされる動物性タンパク質の摂取量には足りているものの，成人の必要摂取量からは大幅に不足している現状が観察されている．こうした現況の改善には，長期的には山間農村部の経済発展が必要であることは言うまでもないが，短期的にはこれらの山村での安定的な供給を目的とした動物性タンパク質の増産が必須であろう．

Ⅱ－1　動物性タンパク質の供給源としての水産物生産

上記の背景からラオスでは，特に山村部農村での栄養摂取状況の改善が強く求められており，とりわけ養魚に関しては，畜産と比較して短期間かつ低コストでの生産が可能であることから，その振興に関する期待は大きい．ここで，ラオスでの養魚の対象となり得るとともに，同国のほぼ全域で日常的に食卓に上がる4魚種（ヒレナマズ科の2種 *Clarias macrocephalus*，*C. batrachus*，キノボリウオ科のキノボリウオ *Anabas testudineus* およびタイワンドジョウ科の *Channa striata*）の栄養的側面について概観してみたい．これらの4種では，フィレ部分のタンパク質含量が乾重量ベースで60-90%と高く（図5）（Fujita et al. 2019, 2020），またこれらの魚類は必須アミノ酸の含有量およびアミノ酸スコア*にも秀でており，極めて優良な動物性タンパク質源と言える．加えて，こうした魚にはカルシウム・鉄分などのミネラルも多く含まれるうえに，種によっては脂質含量が30%を超える魚種も存在し（たとえば *Anabas testudineus*）（図6），タンパク質源だけでなく，微量栄養素やエネルギー源としての有効性も有すると言えるだろう（Fujita et al. 2020）．

さらに，ラオスでは様々な種の小魚を丸ごと生，あるいは発酵物や乾物として食する習慣がある．こうした「小魚の丸ごと食い」は，通常の可食部（筋肉部）よりも頭部や骨の中に豊富に含まれるカルシウムなどのミネラルの摂取にも有効である．これら小型の魚類はビタミン類も豊富に含んでおり，特にコイ科の小魚に多く含まれていることが知られている（Roos et al. 2007）．また，一般にEPAやDHA**といった機能性を有する脂肪酸の含量は，淡水魚では海産魚よりも低いことが知られている．しかしながら，淡水魚であっても種によってはこれら脂肪酸を豊富に含む種もあることから（本邦におけるワカサギなど），今後ラオスの小魚についてもこれら脂肪酸の含量について検討する価値はあるだろう．さらに，これら小魚の加工食品である発酵魚や乾物は，鮮魚よりも市場価値が高く，特に発酵食品については鮮魚よりも旨味成分含量が多くなるとともに機能性成分も産生される等の効果が見込まれており，高い付加価値を有する（丸井 2019: Marui et al. 2020）．

---

* 食品中の必須アミノ酸の含有比率を評価するための数値．特定の食品に対し，窒素1gあたりに占める必須アミノ酸が基準値と比較してどれだけ含有されているかを評価するもの．

** DHA（ドコサヘキサエン酸）およびEPA（エイコサペンタエン酸）は，魚（特に青魚）の脂に多く含まれる高度不飽和脂肪酸で人体内での合成が不可能な必須栄養素

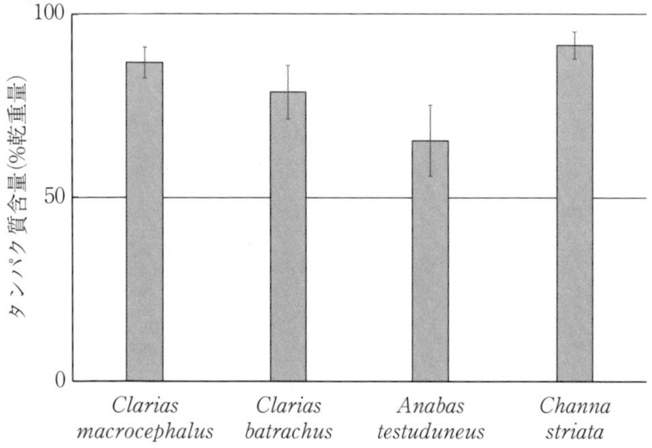

図5　ラオスの日常的な食用魚の代表的4種におけるタンパク質含量（乾重量ベース）
（図中縦線は標準偏差）［Fujita et al.（2019）より改変］

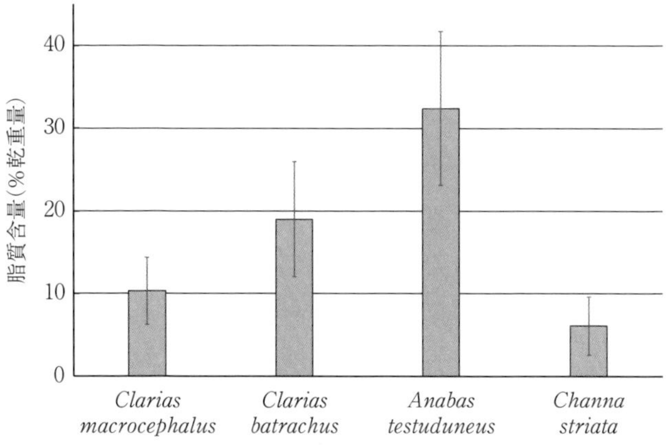

図6　ラオスの日常食用魚の代表的4種における脂質含量（乾重量ベース）
（図中縦線は標準偏差）［Fujita et al.（2019）より改変］

図７　ラオスの代表的な魚類発酵食品パ・デーク．

　こうした栄養学的な観点から，ラオスにおける魚類の増産の必要性は極めて高いと言える．一方で，小魚，特にコイ科魚類の生食によるタイ肝吸虫感染による児童の健康被害（友川他 2008; 中村 2017），あるいは“パ・デーク（Pa daek）”（図７）と呼ばれるラオスの伝統的な魚類発酵食品で見られる，未熟な発酵技術によるヒスタミン*などの変敗成分の発生によるアレルギー様症状の発症の可能性（丸井 未発表）などを鑑《かんが》みると，こうした魚類資源の利用加工技術の改善も求められる．現在，パ・デークのヒスタミン産生の抑制手法については，製造時の塩分を適切な水準に調整し，十分な発酵期間を設けることで，ヒスタミンの発生量の軽減が可能であることが確認されており，今後さらにヒスタミン産生菌の動態を確認することで，より安全性の高いパ・デーク製造技術の開発を試みている（丸井 未発表）．

　第Ⅰ章に記した通り，ラオスでは2000年代以降になってから，外来種であるナイルティラピア *Oreochromis niloticus* を主体とした外来種の養殖生産量が急速に増加し，水産物生産全体の過半（70％以上）をこれらの養殖生産が占めている．その一方で，メコン川流域を主体とした水塊の天然資源の漁業生産量は伸び悩んでおり（MAF 2009, 2011, 2014, 2016），今以上の上積みは困難と考えられている．したがって，今後の水産物生産の増加には引き続き養殖を振興する必要があるものの，域内の生物多様性保全の観点から，現在の養殖振興の主流となっている上記のナイルティラピア，アフリカヒレナマズ *Clarias gariepinus*，あるいは中国産コイ科等の侵略的な外来種ではなく，域内の在来魚類の養殖振興が求められる．

---

* 特に魚類及びその加工品内で発生し，アレルギー様の食中毒の原因となりうる成分

しかしながら，これまでラオスでは，いくつかの理由で在来魚類の養殖の振興がなかなか発展して来なかった．種苗生産技術に関しては，これまでの我々のプロジェクトを通じて，上記のキノボリウオ *Anabas testudineus* をはじめ10種以上の在来種の種苗生産技術を開発し，種苗の供給キャパシティは大幅に向上した．さらに，今日ではラオス国内で希少種となりつつあるジャイアントグラミー *Osphronemus exodon*（オスフロネムス科）の種苗生産にも成功するなど，食料生産だけでなく希少種の保全およびその持続的な養殖利用に資する活動も行ってきた．これらに関する技術的背景については別章で述べることとするが（第Ⅲ，Ⅵ，Ⅶ章参照），こうした技術的な課題が少しずつ改善されてきた一方で，その他に在来種の養殖振興の妨げとなっているラオスの国内事情について次項で述べてみたい．

Ⅱ-2　ラオスにおける在来種養殖振興の妨げ

先述のように，ラオスでは水産物の増産は国家的関心事の1つであり，ナイルティラピア等の外来種の養殖が2000年代以降急速に発展し，経済効果や水産物増産の点では一定の効果を示す一方で，ティラピア類と比べて比較的付加価値が高く，また生物の多様性保全の観点からも重要なラオスの在来魚類の養殖活用とその振興も求められてきた．2000年代後半から同国政府はこの課題に取り組む姿勢を示してはいるものの，その実現は残念ながら遅々として進んでいない．その理由として，主に下記の二要因があげられると筆者らは考えている．

(1)　高価な養魚飼料

現状では，ラオスにおける養魚飼料は隣国のタイやベトナム，あるいは中国からの輸入にほぼ完全に依存しており，ラオスの経済水準から見れば相対的に高価であることから，特に経済的に恵まれない農山村の小規模業者への養魚普及の大きな妨げとなっている．さらに，ラオス国内で一般的に購入可能な養魚飼料は，主にティラピアなどの雑食魚を対象とした餌料が主流となっており，それらはタンパク質含量の低い成分構成となっていることに加え，製造後の長期保存に起因する酸化といった品質の劣化も懸念されている．

(2) 国内の種苗生産キャパシティの不足

現在はラオス国内の在来魚類の種苗の生産キャパシティが著しく不足しており，需要に全く追いついていない現状である．ティラピア等の外来種については都市部周辺で専門業者が生産しているため，比較的供給は充実しており，さらに隣国のタイからも良質な種苗が輸入されているため，同種の商業養殖は盛んである．その一方で，最も動物性タンパク質不足が憂慮されている地域，すなわち栄養改善の観点から養殖振興の必要性が高い山間農村部では，公的・民間機関双方の種苗生産施設がほぼ皆無であり，養殖種苗の供給が極めて困難な状態である．

上記(1)については，今後のラオス国内の魚類養殖用飼料の製造企業の出現・発展を待つしかないと思われるが，その一方で小規模な養魚業者による自家生産が可能な飼料材として，我々は同国に分布するアメリカミズアブ *Hermetia illucens* の幼虫（図8）などの未利用資源を飼料活用することで餌コストを削減できる可能性があることを検証している（Vongvichith et al. 2020）（第Ⅶ章参照）．

この昆虫は，鶏糞などの家畜糞や果物・野菜残渣，あるいはビールかすなどを餌に比較的簡易に幼虫を培養することが可能で，農村等のインフラが限定的な環境においてもバケツ等を飼育容器として用いた小規模なスケールで一定程度の量の培養が可能である（Nakamura et al. 2016）．なおかつこの幼虫は，魚類に対しても非常

図8　ラオスに分布するアメリカミズアブ *Hermetia illucens*．a：成虫，b：幼虫．

に優れた飼料効果を有することが検証されていることからも（Xiao et al. 2018; Vongvichith et al. 2020 など），小規模養殖業者へのアメリカミズアブ幼虫の生産技術の普及を通じて，山間農村部における飼料コストの削減および養魚の振興に資することは可能であろう．一方，上記(2)の在来魚類の種苗生産に関しては，第Ⅰ章に示したように，我々のこれまでの技術開発を通じ，現在では10種以上の在来魚類の種苗生産が可能となっている（Morioka et al. 2009; Vongvichith and Morioka 2020 など）．しかし，在来種の種苗生産を恒常的に行っている施設は，全国的に見て国立もしくはいくつかの県の県立種苗生産場に限定され，年間およそ1億尾以上と推定される国内の養殖種苗需要に対して，供給量が著しく不足している現状である．さらに，種苗生産技術者の数も不足していることから，今後は種苗生産インフラの拡充に加え，技術者の養成もラオス政府の重要な課題であろう．

参考文献

DLF (2014) Department of Livestock and Fisheries, Ministry of Agriculture and Forestry, Vientiane

FAOSTAT (2018) http://www.fao.org/faostat/en/#country/120

Fujita K, Saito M, Vongvichith B, Hasada K, Boutsavath P, Mahathilath X, Morioka S (2019) Analysis of nutritional composition of aquatic species towards nutritional improvement in a Lao PDR rural area. Jap Agricul Res Quart 53:191-199

Fujita K, Boutsavath P, Mahathilath X, Saito M, Vongvichith B, Hasada K, Morioka S (2020) Variations of basic nutritional compositions by seasons and sizes in four freshwater fishes as common food sources in Lao P.D.R. Jap Agricul Res Quart 54:53-61

外務省（2018）ラオス人民民主共和国（Lao People's Democratic Republic）基礎データ https://www.mofa.go.jp/mofaj/area/laos/data.html

羽佐田勝美，丸井淳一朗，藤田かおり，森岡伸介，Sinavong P, Phonhnachit P, Phimphachanvongsod M（2018）ラオス農山村におけるタンパク質摂取に影響する要因についての予備的考察．2018年日本国際地域開発学会秋季大会要旨

MAF (2007) Agriculture statistic year book 2006. Ministry of Agriculture and Forestry, Lao PDR

MAF (2009) Agriculture statistic year book 2008. Ministry of Agriculture and Forestry, Lao PDR

MAF (2011) Agriculture statistic year book 2010. Ministry of Agriculture and Forestry, Lao PDR

MAF (2014) Agriculture statistic year book 2013. Ministry of Agriculture and Forestry, Lao PDR

MAF (2016) Agriculture statistic year book 2015. Ministry of Agriculture and Forestry, Lao PDR

増崎智咲（2014）ラオス：静かなる高成長国の挑戦．海外投融資 2014 年 11 月号：12–15

丸井淳一朗，羽佐田勝美，Boulom S（2018）内陸国ラオスの塩と魚で作る伝統発酵食品．日本海水学会誌 72:279-287

丸井淳一朗（2019）ラオスの味，パデークを科学する．科学 89:824-829

Marui J, Hasada K, Phoupasouk S, Boulom S (2020) Assessment of usage and fermentation-related components of *pa daek*, a salt-fermented freshwater fish paste, for household use in a semi-mountainous village in Laos. JIRCAS Working Report 90:89-94

Morioka S, Sakiyama K, Ito S, Vongvichith B (2009) Technical report and manual of seed production of the climbing perch *Anabas testudineus*. Working Report XX, Japan International Research Center for Agricultural Sciences, Tsukuba

森岡伸介，羽佐田勝美，藤田かおり（2018）ラオス農山村の水田および貯水池での魚類養殖により期待できる諸効果．2018 年日本国際地域開発学会秋季大会要旨

Nakamura, S. et al. (2016) Small-scale rearing of the black soldier fly, *Hermetia illucens* (Diptera: Stratiomyidae), in the laboratory: low-cost and year-round rearing. Appl Entomol Zool 51:161-166

中村　哲（2017）ラオス人民民主共和国ビエンチャン都におけるタイ肝吸虫症の現況．日本衛生学会誌 72:101-105

Roos N, Chamnan C, Loeung D, Jakobsen J, Thilsted SH (2007) Freshwater fish as a dietary source of vitamin A in Cambodia. Food Chemistry 103:1104-1111

友川　幸，小林敏生，Kingsada A，金田英子，門司和彦，Nisaygnang B，Pongvongsa T，Boupha B（2008）ラオス中南部の農村地域における児童のタイ肝吸虫感染に関わる要因の検討―児童とその家族の生魚の摂取習慣と児童のタイ肝吸虫感染の関連―．広島大学保健ジャーナル 7:51-58

Vongvichith B, Morioka S, Kawamura K, Mori A (2018) Factors influencing fish productivity in rice paddy aquaculture: a case study in Vientiane Province, Central Laos. Japan Agricultural Research Quarterly 52:359-366

Vongvichith B, Morioka S, Sugita T, Phousavanh N, Phetsanghanh N, Chanthasone P, Pommachan P, Nakamura S (2020) Evaluation of the efficacy of aquaculture feeds for the climbing perch *Anabas testudineus*: replacement of fishmeal by black soldier fly *Hermetia illucens* prepupae. Fish Sci 86:145-151

Vongvichith B, Moiroka S (2020) Technical achievements of indigenous fish aquaculture in rice-paddy and pond in rural areas of Lao PDR: summarized results obtained by the JIRCAS-LARReC project. In: Potential and Efficiency of Underused Agricultural and Fishery Resources in Laos (Moiroka S and Hasada K eds), JIRCAS Working Report 90, JIRCAS. pp 127-137

Xiao X, Jin P, Zheng L, Cai M, Yu Z, Yu J, Zhang J (2018) Effects of black soldier fly (Hermetia illucens) larvae meal protein as a fishmeal replacement on the growth and immune index of yellow catfish (*Pelteobagrus fulvidraco*). Aquaculture Research 2018: 1-9

Welcher P, Prasertsri P (2019) Laos rice report MY 2018-2019. Global Agricultural Information Network, USDA Foreign Agricultural Service. https://gain.fas.usda.gov/Recent%20GAIN %20Publications/Laos%20Rice%20Report%20MY2018-2019_Bangkok_Laos_2-6-2019. pdf#search=%27laos+rice+consumption%27

WHO (2018) Lao People's Democratic Republic statistics summary (2002-present). https://apps.who.int/gho/data/node.country.country-LAO

World Life Expectancy (WLE) (2018) https://www.worldlifeexpectancy.com/laos-life-expectancy

第Ⅲ章　ラオスの魚たちの仔稚魚
－形態発育と初期の生態－

森岡伸介・Bounsong Vongvichith

魚類のほとんどは卵を生み（魚種によっては腹腔《ふくくう》内で卵が孵化し，仔魚として生み出されるケースもある），その卵から孵化した魚の子供が，仔魚期，稚魚期*を経て成魚（大人の魚）へと成長してゆく．多くの魚類では，孵化直後は脊椎《せきつい》骨をはじめとする様々な骨，あるいは筋肉や表皮の鱗《うろこ》も未形成であるため遊泳力もほとんどなく，さらに視力もなく口も開いていない状態なので餌を食べることもできない（図1）．つまり，人間でいうところの未熟な胎児のような状態で出生するケースが魚類ではほとんどなのである．このような仔魚は外敵からも逃げることができず，他の魚類や，あるいは昆虫などの格好の餌として非常に捕食されやすいので，この時期に大きく数を減らしていると考えられている．

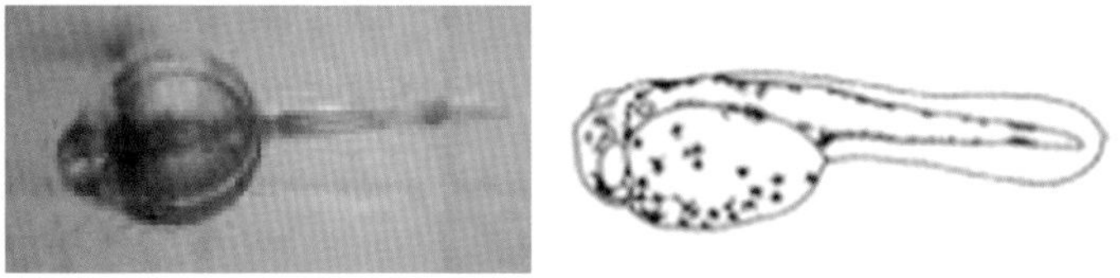

図1　キノボリウオ *Anabas testudineus* の孵化直後の仔魚（体長 1.8mm）
（左：背面からの写真，右：側面からのスケッチ）
［Morioka et al.（2009）より抜粋・改変］

* 仔魚：魚類発生の上でもっとも初期のステージで，鰭の条数が親魚の鰭条数と同じ数に達する前のステージ，稚魚：鰭の条数が親魚の鰭条数と同じ数になり鱗も発達したステージ

Ⅲ-1　魚類の産卵のタイプ

孵化直後に仔魚が曝《さら》される外敵による捕食などの危険な状態の下で，いかにして子孫を残すかという目的のために，魚類では様々な産卵様式や卵そのものの形質があることが知られている．そうした様式や卵の形質を，卵の数，卵の大きさ，あるいは受精方法の観点からごく大雑把に下記の3類型に分けてみた（表1）．

表1　魚類の卵の数や受精方法から見た大まかな産卵タイプの類型

産卵様式	孵化仔魚の発育程度	受精方法
小卵－多数産卵	極めて未成熟な仔魚として孵化	体外受精
大卵－少数産卵	比較的発生が進んだ仔魚として孵化	体外受精
胎生（卵胎生）	体内受精を通じ，母魚の輸卵管内で一定程度発育した仔魚が出生	体内受精

これらの3類型の中でも，浮遊卵（水面に浮かぶ卵）や沈性卵（水中に沈む卵）などの違いがあるとともに，後者の中にも粘着卵や付着卵のような水底の石や植物に付着する機能を有する卵もあれば，そのような機能を有さず重い比重により底に沈む分離沈性卵も存在するなど，魚種により多種多様な産卵形態が見られるのである（岩井 1991）．さらに，生まれた仔稚魚を親魚が外敵から守る行動（parental care）も意外に多くの魚種で知られており，その代表的な魚類としては，親魚が口腔内で仔稚魚を保護する（mouth brooding）行動をとることで知られるカワスズメ科（Cichlidae）の多くの魚種（例えばティアピア類の *Oreochromis* 属など）や，仔稚魚の群れの周辺で親魚が外敵を警戒しつつ見張りを行うタイワンドジョウ科（Channidae）のライギョ類（*Channa* 属）などがあげられる．また，メバル類（*Sebastes* 属）などのように，卵ではなく仔魚として出生する魚類についても，受精後に親の腹腔内で仔魚の発生を待ち，一定程度発育が進んでから出生する点では，やはり親魚による子孫の保護であると考えてよいだろう．つまり，それぞれの魚種の産卵場所あるいはその後の仔稚魚の生息域に応じ，多種多様な生き残りを目的とした作法，すなわち子孫の確保のための魚種ごとの戦略が存在すると言えるのである．

これまでの我々の研究では，ラオスの在来魚類の養殖のための種苗生産技術の確立という目的と同時に，各種の仔稚魚の生き残り戦略を検討する上で，表2に示した各魚種の孵化時の卵黄体積と，その後の形態発育に伴う卵黄体積の減少パターンに着目して知見を集積してきた．一般に魚類の卵黄は，孵化後の数日間で急激にその体積を減じるとともに，その間に摂餌や遊泳に関する形態の発育が急速に進む．通常，卵黄が完全に消失する前には口周辺の骨がある程度発育し摂餌を開始することが可能となるが，ある魚種では摂餌開始後ごく短時間のうちに卵黄が完全に消失し，内部栄養源（卵黄）依存期から外部栄養（プランクトンなどの餌）の依存期に速やかに移行するのに対し，別の魚種では摂餌開始後も一定期間（あるいは長期間）にわたり卵黄を保有し，内部栄養源

表2　これまでのラオスにおける研究を通じて，摂餌開始期の形態発育とそれに伴う卵黄体積の変化が記録された魚種

魚種	出典	回遊
コイ目 Cypriniformes		
コイ科 Cyprinidae		
Hypsibarbus malcolmi	Ogata et al. (2010)	狭域
Cirrhinus microlepis	Morioka et al. (2012a)	広域（遡河）
ナマズ目 Siluriformes		
ヒレナマズ科 Clariidae		
Clarias macrocephalus	Morioka et al. (2013a)	狭域
C. gariepinus	Matsumoto et al. (2001)	狭域
ギギ科 Bagridae		
Hemibagrus filamentus	Morioka and Vongvichith (2011)	狭域
パンガシウス科 Pangasiidae		
Pangasiannodon hypophthalmus	Morioka et al. (2010b)	広域（遡河）
スズキ目 Perciformes		
キノボリウオ亜目 Anabantoidei		
キノボリウオ科 Anabantidae		
Anabas testudineus	Morioka et al. (2009)	狭域
オスフロネムス科 Osphronemidae		
*Trichopodus pectoralis**	Morioka et al. (2010a)	狭域
T. trichopterus	Morioka et al. (2012b)	狭域
Osphronemus goramy / exodon	Morioka et al. (2013b)	狭域

* 表中の *Trichopodus* 属2種は以前は *Trichogaster* 属とされていた
[Eschmeyer et al. (2017) により改定].

と外部栄養源の双方に依存する時期（2栄養源依存期間）が長期にわたるケースも観察される．前者の例が，図2中のコイ科（Cyprinidae）魚類の *Hypsibarbus malcolmi* であり，この種の2栄養源依存期間は約10時間に過ぎない．その一方で後者の例が，キノボリウオ科（Anabantidae）魚類の *Anabas testudineus* やヒレナマズ科（Clariidae）魚類の *Clarias macrocephalus* で，それぞれ約95時間および150時間と，*H. malcolmi* よりもはるかに長い2栄養源依存期間を有している（図2）．こうした卵黄の保有期間の長短は，仔魚の生き残りに関わる戦略に魚種ごとに違いがあることを強く示唆している．次項ではそうした生き残り戦略について述べてみたい．

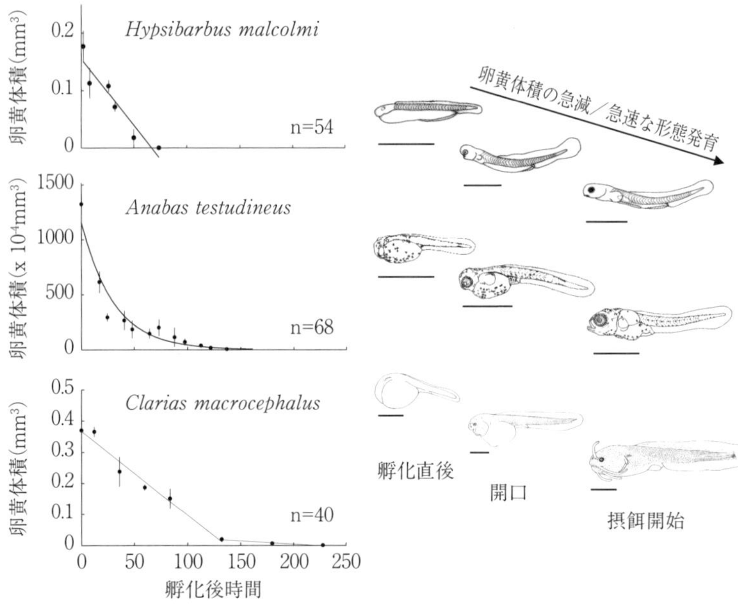

図2　*Hypsibarbus malcolmi*（コイ科），*Anabas testudineus*（キノボリウオ科）および *Clarias macrocephalus*（ヒレナマズ科）の卵黄体積の減少パターン（左）と摂餌が可能になるまでの形態発育（右）

［Morioka et al.（2009），Ogata et al.（2010），Morioka and Vongvichith（2011）より抜粋・改変］．図中スケールバー 1mm..

Ⅲ-2　魚種ごとに異なる卵黄保有時間－生き残り戦略の違い－

前述したように，魚種により卵黄の保有時間や，摂餌の開始期，あるいはその後の2栄養源依存期間の長さは様々である．その理由について，ここでは孵化後の仔魚の置かれる環境と卵黄保有時間の関連から検討してみたい．

我々がこれまでに仔稚魚の形態発育を記載した魚種（表2）の中で，遊泳性が強く，産卵期には親魚が遡河回遊する習性を持つパンガシウス科（Pangasiidae）ナマズ類のカイヤン *Pangasianodon hypophthalmus* やコイ科の *Cirrhinus microlepis* の2種（図3）では卵黄消費が極めて速い．またこれらの2栄養源依存期間はそれぞれ約12時間および8時間とごく短期間である（Morioka et al. 2010b; Morioka et al. 2012a）（図4）．この2種は流速のある河川域で産卵を行うと考えられているが，前者が粘着卵（底石や水生植物等に付着する卵），後者が分離沈性卵（粘着力は持たないが，親魚が作った水底の産卵床に産み付けられる比重の重い卵）という違いはあるものの，双方とも粘着性あるいは重い比重により卵が河川流に流されにくいという特質を持っている．しかし，両種の孵化直後の仔魚は遊泳力が極めて乏しいため，河川流によって下流方向に受動的に流されることとなる．したがって，成育に不適な水域（つまり死亡する可能性が高い水域）に流される前になるべく早く遊泳力を獲得し，安定的な成育水域に定着することが求められると同時に，なるべく早く摂餌を開始し成長しなければならない．

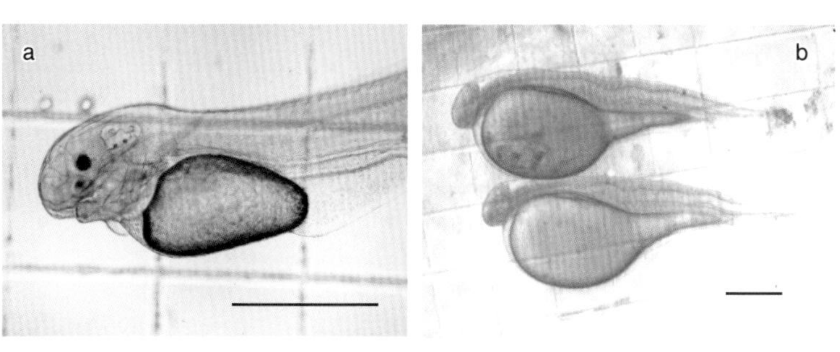

図3　パンガシウス科のカイヤン *Pangasianodon hypophthalmus*（a）およびコイ科の *Cirrhinus microlepis*（b）の孵化直後の仔魚

図中スケールバー 1mm.

すなわち，仔魚には過酷な成育環境の下で生き残る子孫の数を少しでも増やすために，孵化後の急速な遊泳・摂餌に関する形態の発育が求められ，そのための養分として卵黄が急速に消費されるものと推定されるのである（Morioka et al. 2012a）．

一方で，上記の2種と異なり，湖沼や流れの緩い河川内に生涯を通じて生息し，大規模な回遊を行うことのない魚種では，2栄養源依存期間が比較的長い傾向が見て取れる．例えば，先述のキノボリウオ科の *A. testudineus* やヒレナマズ科の *C. macrocephalus* はそうした穏やかな水域に生涯を通じて生息し繁殖する種であり，それぞれ約120時間および200時間超という長い卵黄保有期間を持つ（図4）．またこれらと類似の生息・繁殖環境と考えられるオスフロネムス科（Osphronemidsae）の各種（*Trichopodus pectoralis*, *T. trichopterus*, *Osphronemus goramy*）や，アフリカ産ヒレナマズ科の *C. gariepinus* においても

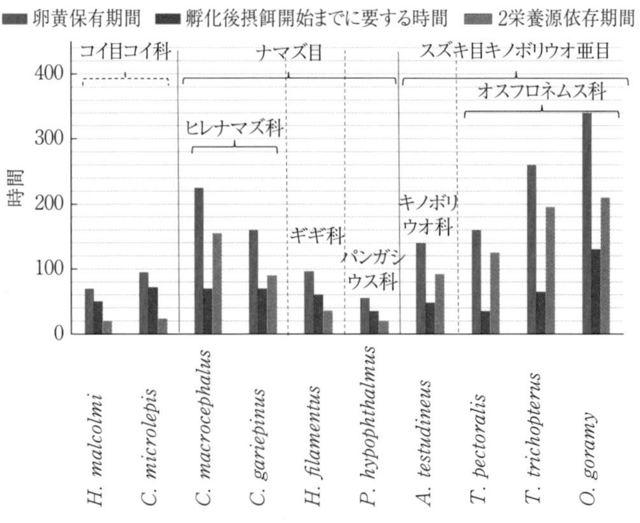

図4　ラオス在来種各種の卵黄保有期間，孵化後摂餌開始までに要する時間および2栄養源依存期間（*C. gariepinus* のみアフリカ原産種）

［Matsumoto et al.（2001），Morioka et al.（2009），Morioka et al.（2010a,b），Ogata et al.（2010），Morioka and Vongvichith（2011），Morioka et al.（2012a,b），Morioka et al.（2013a,b）より抜粋・改変］．

長い2栄養源依存期間が見られ，300時間を優に超える種も観察される（図4）．これらの種では，遊泳能力に関する仔魚の鰭などの発育が相対的に遅い傾向がある（Matsumoto et al. 2001; Morioka et al. 2012b; Morioka et al. 2013a, b）．この傾向は，孵化仔魚の生息環境，すなわち止水あるいは緩やかな水域の中では強い遊泳力を必要としないことによる成長戦略と考えられ，孵化後も比較的ゆっくりと発育することが許容されるためと推察される．

ここで上記各種の中から，止水もしくは緩流域に生息する *A. testudineus* および *T. pectoralis* と，遡河回遊性の *P. hypophthalmus* および *C. microlepis* の孵化後7〜8日目の仔魚の形態を比較してみよう．前2種ではこの時期にはまだ卵黄が残留しており，鰭は尾鰭の鰭条が出現しつつある段階で，遊泳力はまだ弱い（図5）．一方，後者の2種では，この時期すでに卵黄は完全に吸収されているとともに，尾鰭の鰭条がほぼ揃っており，さらに *P. hypophthalmus* では尻鰭の鰭条が，*C. microlepis* では背鰭鰭条の出現がすでに進んでいる（図5）．すなわち，前2種よりも強い遊泳力をすでに有していることが形態的にも示唆されるのである．つまり，止水・緩流性の前2種と比べると，遡河回遊性の後2種の方が，孵化後の流水という環境の中で生き残るための戦略として，早期の卵黄消失および速い遊泳能力の獲得という特質を持つことが，形態発育の面

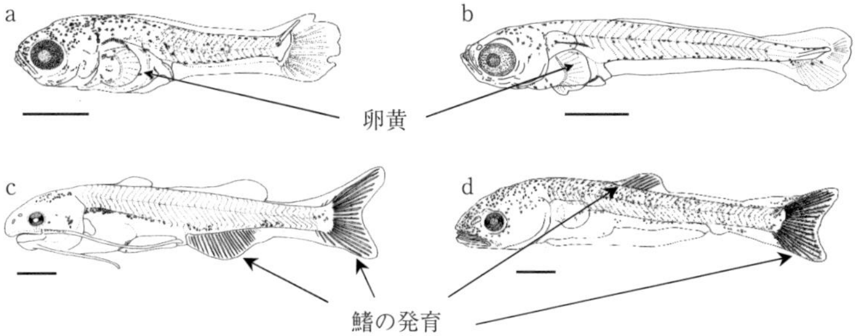

図5　*A. testudineus*（a），*T. pectoralis*（b），*P. hypophthalmus*（c）および *C. microlepis*（d）の孵化後7〜8日目の仔魚

［Morioka et al.（2009），Morioka et al.（2010a, b），Morioka and Vongvichith（2011），Morioka et al.（2012a）より抜粋・改変］．図中スケールバー1mm.

からも強く示唆されるのである．

Ⅲ-3　キノボリウオ亜目に見られる仔稚魚の成長戦略 ―親魚による仔稚魚の保護―

上記に示した魚種の中で，近縁種の間での孵化直後の生き残り戦略を比較検討する目的で，キノボリウオ科（Anabantidae）やオスフロネムス科（Osphronemidae）を含む分類群であるキノボリウオ亜目（Anabantoidei）の4魚種［キノボリウオ科キノボリウオ（*Anabas testudineus*），オスフロネムス科スネークスキングラミー（*Trichopodus pectoralis*），スリースポッテドグラミー（*T. trichopterus*）およびジャイアントグラミー（*Osphronemus goramy*）（図6）］について，卵黄吸収時間や仔稚魚の行動および形態発育について行った観察・記載例を示すこととする．

まず，キノボリウオを見てみると，メスの親魚は「産みっ放し」の状態で水面に浮遊卵を産卵するので（Morioka et al. 2009），卵や孵化仔魚はすぐに外敵による捕食の脅威に曝《さら》されることとなる．一方でオスフロネムス科の3種については，親魚が何らかの形で仔稚魚を保護することが知られている．例えばスネー

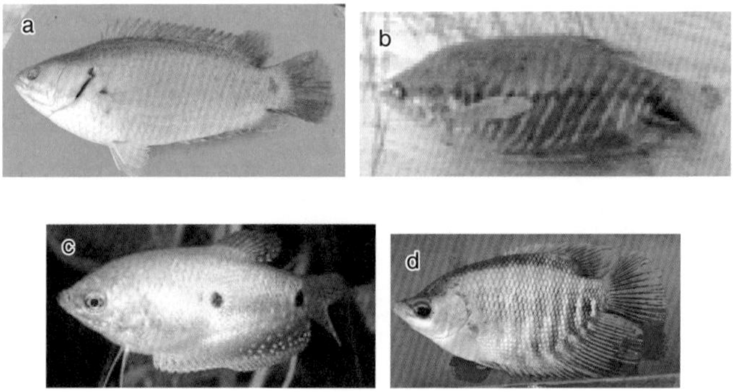

図6　キノボリウオ亜目魚類4種

a：キノボリウオ *Anabas testudineus*（キノボリウオ科），b：スネークスキングラミー *Trichopodus pectoralis*，c：スリースポッテドグラミー *T. trichopterus*，d：ジャイアントグラミー *Osphronemus goramy*（以上オスフロネムス科）．

クスキングラミーやスリースポッテドグラミーでは，メスが産卵する直前にオスが水面に水泡でできた産卵巣《さんらんそう》（泡巣《あわす》，foam nest）を作り，メスはその中に受精卵を産み付ける（図 7a）（Morioka et al. 2010a, 2012a）．一方同じ科のジャイアントグラミーでは，親魚がホテイアオイ等の水草の根などを用いて産卵巣を作り，メス親はその中に卵を産み付ける（Morioka et al. 2013b）（図 7b）．これらの種の孵化仔魚は，孵化後しばらくの間は泡巣や水草根でできた産卵巣の中にとどまることで，一定の期間（摂餌の開始，あるいはある程度の遊泳能力を獲得するまで）外敵による捕食を避けることができる．こうした産卵様式は，卵や孵化したばかりの仔魚に対する親魚の保護とも言えるだろう．さらにオスフロネムス科魚類では，ほぼすべての魚類で親魚（多くはオスの親魚）が孵化した後の仔魚を外敵から守る習性（parental care）を持つことが知られており（Rüber et al. 2006），上記のキノボリウオよりもはるかに生き残りに有利な「保護的」な環境に置かれていると言ってもよいだろう．

ここで，これら 4 種の卵黄保有期間と孵化から摂餌開始までの時間，および 2 栄養源依存期間を比較してみたい．まずキノボリウオでは，摂餌開始時期はスネークスキングラミーとほぼ同程度であるが，卵黄保有時間および 2 栄養源依存期間はオスフロネムス科 3 種と比較すると明らかに短い（図 8）．

次に各種の形態発育について少し見てみよう．表 3 に示したように，キノボリウオは他 3 種よりも，より小さいサイズ（体長 8.3mm 以降）で仔魚期から稚

図 7　オスフロネムス科魚類の産卵巣

a：*Trichopodus* 属に見られる水泡でできた産卵巣（foam nest，卵はこの泡の中に産み付けられる），
b：*Osphronemus* 属に見られる産卵巣（ホテイアオイ等の根，この中に産卵される）．

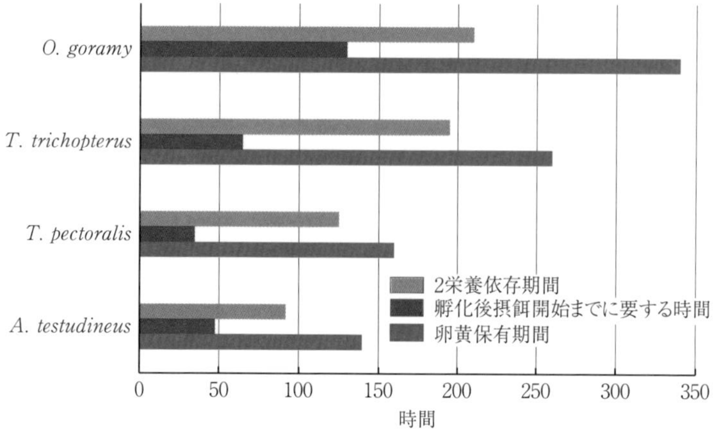

図8　キノボリウオ亜目4種における卵黄保有期間，
摂餌開始時期および2栄養源依存期間の比較

表3　キノボリウオ亜目4種における卵・仔魚の親魚による保護の有無，
摂餌開始時期，形態発育の相対的速度，および稚魚期到達サイズ

魚種	卵・仔魚の保護	摂餌開始	形態発育	稚魚期到達サイズ
A. testudineus	×	早い	早い	8.3mm
T. pectoralis	○	早い	やや遅い （腹鰭伸長）	11.8mm
T. trichopterus	○	やや遅い	やや遅い （腹鰭伸長）	11.9mm
O. goramy	◎	遅い	遅い （腹鰭未伸長）	11.9mm

魚期に到達する．これは他3種の稚魚到達サイズ（体長11.8-11.9mm）よりも著しく小さい．また，これらの魚種に共通する空気呼吸器官である迷路状器官（第Ⅳ章参照）も，キノボリウオのほうが他3種よりもずっと早く発達することから見ても（図9），キノボリウオはこの4種の中で最も早く形態発育が進む種と言える．この仔稚魚期の間に，キノボリウオと他3種の間で見られる特筆的な生態的な差は，卵・仔魚への親魚による保護の有無である．キノボリウオの親魚は産卵した後に卵あるいは仔魚を保護することなく，いわゆる「産みっ放し」

であるが，他のオスフロネムス科の３種では上記の泡巣や水草根塊の産卵巣（図7），あるいは「parental care（親魚による卵・仔魚の保護）」により卵・仔魚は一定期間保護される．つまり，オスフロネムス科３種は親魚の保護があるために比較的ゆっくりと発育することが許容されるのに比べて，キノボリウオではそのようなことがないので，外敵からの攻撃を避けるために早急な発育が必要とされる，と推定できるのである．

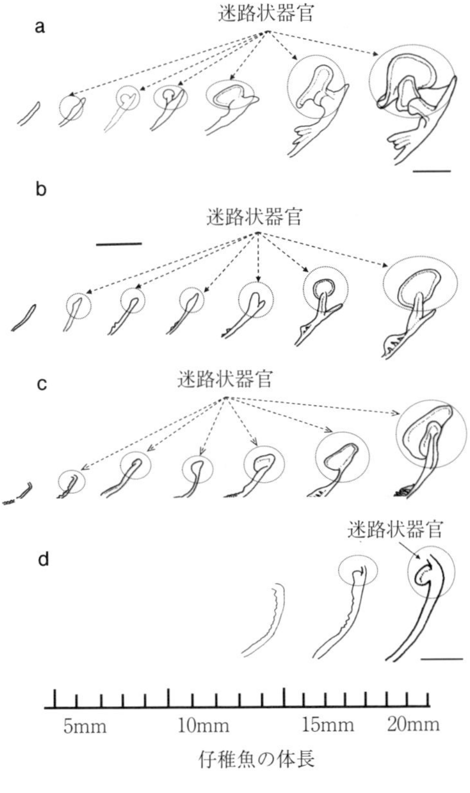

図９　キノボリウオ亜目３種の迷路状器官の発達

a：キノボリウオ科キノボリウオ（*Anabas testudineus*），b：オスフロネムス科スネークスキングラミー（*Trichopodus pectoralis*），c：同スリースポッテドグラミー（*T. trichopterus*），d：ジャイアントグラミー（*Osphronemus goramy*）

［Morioka et al.（2009），Morioka et al.（2010a）および Morioka et al.（2013b）より抜粋・改変］．図中スケールバー 1mm.

さらに，オスフロネムス科３種の中で比較してみよう．まず，*Trichopodus* 属２種（スネークスキングラミー，スリースポッテドグラミー）では泡巣による卵・孵化仔魚の保護，その後の親魚による仔魚の保護を受ける．一方で，*Osphronemus* 属のジャイアントグラミーは，産卵巣である根塊の中での卵・孵化仔魚の保護，その後の親魚による仔魚の保護に加え，この根塊は仔稚魚の隠れ家（シェルター）としても機能する（Morioka et al. 2013b）．つまり，ジャイアントグラミーは *Trichopodus* 属の２種よりもさらに保護的な環境での成育が可能と言える．ここでこれら３種の形態発育を比較してみると，ジャイアントグラミーの稚魚期到達サイズは他２種とほぼ同程度ではあるが（表3），迷路状器官の発育は３種の中でもっとも遅い（図9）．これに加え，オスフロネムス科魚類の一大特徴である腹鰭第一軟条の伸長に着目すると，*Trichopodus* 属２種では体長 10.6–11.6mm から伸長が始まるのに対し，ジャイアントグラミーでは体長 14.0mm 前後でもその伸長は認められない（図10）．これら形態発育の違いから，ジャイアントグラミーでは *Trichopodus* 属２種よりもずっと遅く形態発育が進むと考えられる．すなわち，より保護的な環境で成長するジャイアントグラミーは，*Trichopodus* 属２種と比べてさらに緩やかな発育が許容される，と考えられるのである．

本章で述べたように，仔稚魚の生息する環境に応じ，それぞれの種はより多くの子孫を残すべく，卵黄の吸収速度やそれに伴う形態発育の遅速が生じているようにも思える．海産魚においてもこうした研究は数多く行われており（Kohno et al. 1988; Moteki et al. 2001; Moteki 2002 など），各種の発生初期の形態発育と生き残りに関する考察がなされている．

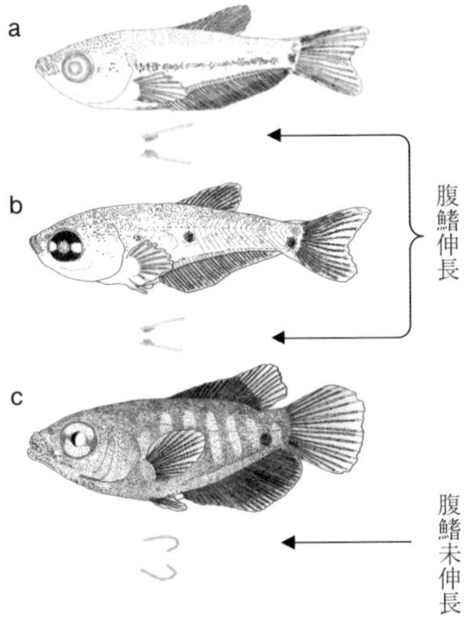

図10　オスフロネムス科３種の腹鰭第１軟条が伸長するタイミング

a：スネークスキングラミー（*Trichopodus pectoralis*）で体長 11.6mm，b：スリースポッテドグラミー（*T. trichopterus*）で体長 10.6mm より伸長開始，c：ジャイアントグラミー（*Osphronemus goramy*）では体長 13.9mm でも未伸長．

参考文献

Baidya AP, Senoo S (2002) Observations of oocyte final maturation and eggs on African catfish *Clarias gariepinus* under artificial rearing conditions. Suisanzoshoku 50:415-422

岩井　保（1991）魚類概論（第二版）．恒星社厚生閣，東京．

Eschmeyer WN, Fricke R, van der Laan R (2017) Catalog of fishes: genera, species, references. http://researcharchive.calacademy.org/research/ichthyology/catalog/fishcatmain.asp

Kohno H, Hara S, Duray M, Gallego A (1988) Transition from endogenous to exogenous nutrition sources in larval rabbitfish *Siganus guttatus*. Nippon Suisan Gakkaishi 54: 1083-109

Matsumoto S, Morioka S, Kumagai S (2001) Development of African catfish *Clarias gariepinus* larvae during the transitional phase between endogenous and exogenous energy intake. In Proceedings of "Lake Malawi Fisheries Management Symposium" (eds Weyl OLF and Weyl MV), National Aquatic Resource Management Programme (NARMAP), Lilongwe. pp 227-232

Morioka S, Vongvichith B (2011) Growth and morphological development of laboratory-reared larval and juvenile *Hemibagrus filamentus* (Siluriformes: Bagridae). Ichythyol Res 58:245-254

Morioka S, Cacot P, Moteki M, Thipvantong V, Philavong S, Pounvisouk L, Chantasone P, Thaphysy V (2012a) Ontogenetic development during changeover from an endogenous to exogenous nutritional source in Laotian cyprinid *Cirrhinus microlepis* larvae. Fish Sci 78:221-227

Morioka S, Chanthasone P, Phommachan P, Vongvichith B (2012b) Growth and morphological development of laboratory-reared larval and juvenile three-spot gourami *Trichogaster trichopterus*. Ichthyol Res 59:53-62

Morioka S, Ito S, Kitamura S, Vongvichith B (2009) Growth and morphological development of laboratory-reared larval and juvenile climbing perch *Anabas testudineus*. Ichthyol Res 56:162-171

Morioka S, Ito S, Kitamura S (2010a) Growth and morphological development of laboratory-reared larval and juvenile snakeskin gourami *Trichogaster pectoralis*. Ichthyol Res 57:24-31

Morioka S, Sano K, Phommachan P, Vongvichith B (2010b) Growth and morphological development of laboratory-reared larval and juvenile *Pangasianodon hypophthalmus*. Ichthyol Res 57:139-147

Morioka S, Vongvichith B, Phommachan P, Chantasone P (2013a) Growth and morphological development of laboratory-reared larval and juvenile bighead catfish *Clarias macrocephalus* (Siluriformes: Clariidae). Ichthyol Res 60:16-25

Morioka S, Vongvichith B, Phommachan P, Chantasone P (2013b) Growth and morphological development of laboratory-reared larval and juvenile giant gourami *Osphronemus goramy* (Perciformes: Osphronemidae). Ichthyo Res 60:209-217

Moteki M (2002) Morphological aspects of feeding and improvement in feeding ability in the early larval stages of red sea bream *Pagrus major*. Fish Sci 68:996-1003

Moteki M, Yoseda K, Sahin T, Üstündag C, Kohno H (2001) Transition from endogenous to exogenous nutritional sources in larval Black Sea turbot *Psetta maxima*. Fish Sci 67:571-578

Ogata Y, Morioka S, Sano K, Vongvichith B, Eda H, Kurokura H, Khonglaliane T (2010) Growth and morphological development of laboratory-reared larvae and juveniles of the Laotioan indigenous cyprinid *Hypsibarbus malcolmi*. Ichthyol Res 57:389-397

Rüber L, Britz R, Zardoya R (2006) Molecular phylogenetics and evolutionary diversification of labyrinth fishes (Perciformes: Anabantoidei). Syst Biol 55:374-397

第Ⅳ章　キノボリウオは木に登らない
－空気呼吸をする魚たち－

森岡伸介・Bounsong Vongvichith

和名がキノボリウオ（図1）という魚は，インドなどの西アジアから中国南部，そして東南アジアにかけて広く分布し，各地域・国で重要な食用魚となっているスズキ目（Perciformes）キノボリウオ科（Anabantidae）の肉食性魚類である（学名 *Anabas testudineus*）．本種のキノボリウオという和名や英名である Climbing perch（登る魚）から，この魚は木に登ったり，あるいは陸上に自ら這い上がるかのような印象を覚える方もいるかもしれないが，実はそのような能力は備えておらず，他の普通の魚類と同様に普段は水中で暮らす魚である．では，なぜこの魚にこのような誤解を与えかねない名称が与えられたのだろうか？　一つにはこの魚が有する特異的な能力，すなわち空気呼吸ができる機能を有している点に由来すると思われる．つまり，一般の多くの魚類は，水中の酸素を鰓《えら》から吸収することで呼吸を行うが，この魚は水中の酸素を利用するだけでなく，我々人間と同じように大気中の酸素をも直接取り込む形で呼吸する能力を有しているのである．

図1　キノボリウオ *Anabas testudineus* の成魚（体長約 20cm）．

キノボリウオは，西南アジア，東南アジアンのモンスーン地帯，すなわち雨季（例年6～10月）と乾季（同11月～翌年5月）が明確に分かれた地域に広く分布する．その生息水域は主に浅い湖沼，流れの緩い小規模な河川や農業水路あるいは水田であり，雨季の間はこうした水塊《すいかい》に広汎《こうはん》に分布している．しかし，これらの水塊では，乾季に入り雨量が減少するとともに急激に水位が低下し，水温が高い場合には水中の溶存酸素量も低下するため貧酸素条件にさらされる．こうした際に，キノボリウオの持つ空気呼吸能力が威力を発揮し，貧酸素条件の下でも大気中からの空気呼吸能力を活かし生き残ることもできる．さらには，水が無くなりつつある場所から他の水の豊富な場所への移動が可能となり，場合によっては空気中に体をさらしながら移動するケースもあり得る．筆者らは直接見たことはないが，腹鰭や胸鰭を器用に使い全身をくねらせることで，干潟だけでなく草地の上も這い回ることができるとも言われており，こうした光景を見た先人が，本種を「(陸上に) 登ることのできる魚」であると考え，すなわち Climbing perch，ひいては和名のキノボリウオという名前が冠されたものと思われる．

Ⅳ-1　キノボリウオの空気呼吸のメカニズム

この魚の大気中からの空気呼吸は，鰓《えら》（鰓弓《さいきゅう》）の一部が膜状に変形した迷路状器官（labyrinth organ）あるいは上鰓《じょうさい》器官（suprabranchial organ）と称される器官によって行われる．空気呼吸能力を持たない通常の魚類の鰓では，鰓弓に沿って鰓弁《さいべん》が発達し，この鰓弁から水中の溶存酸素を吸収しつつ二酸化炭素を排出する働き（ガス交換），すなわち呼吸を行う．一方キノボリウオでは，孵化からしばらくの間は迷路状器官が形成されていないために空気呼吸を行うことはなく水中の溶存酸素を鰓から取り込むが，体長が 7mm 前後に達する頃（孵化後 2 週間強）に第 1 鰓弓（最も前部に位置する鰓弓）の上部が肥厚《ひこう》し始める（図 2，3）（Morioka et al. 2009）．この肥厚部が上記の迷路状器官であり，この頃からキノボリウオの仔魚は時折水面に口を出し空気を吸入する行動，すなわち空気呼吸を行うようになる．その後成長に伴いこの肥厚部が複雑な膜状構造を幾層にも形成し（図 3），空気が触れる表面積を増すことでより効率的に空気中から直接酸素を吸収する機能を増大してゆく．

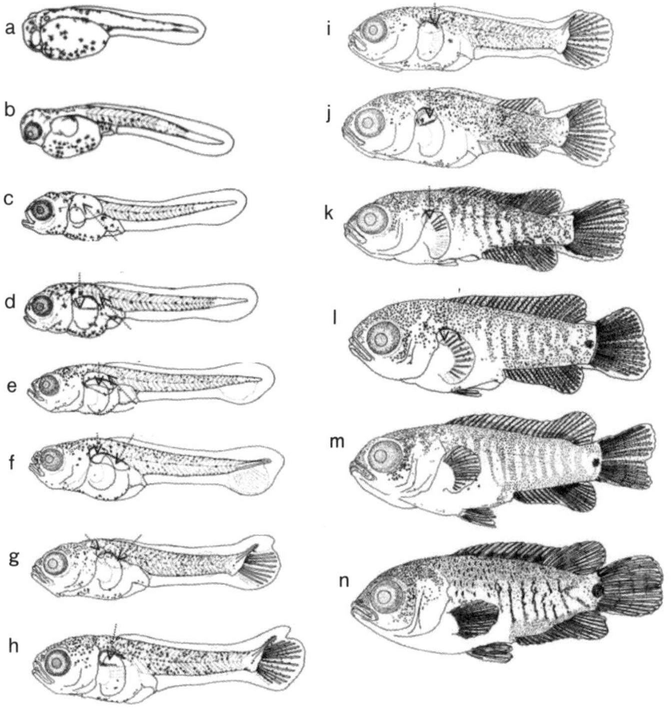

図２　キノボリウオ仔稚魚の発育

a 孵化直後（体長 1.8mm）; b 孵化後 1 日（2.7mm）; c 孵化後 2 日（3.1mm）; d 孵化後 3 日（3.7mm）; e 孵化後 4 日（4.4mm）; f 孵化後 5 日（4.7mm）; g 孵化後 6 日（4.9mm）; h 孵化後 7 日（5.0mm）; i 孵化後 8 日（5.5mm）; j 孵化後 10 日（5.9mm）; k 孵化後 13 日（6.4mm）; l 孵化後 16 日（7.5mm）; m 孵化後 19 日（8.3mm）; n 孵化後 26 日（12.7mm）

［Morioka et al. (2009) より抜粋・改変］

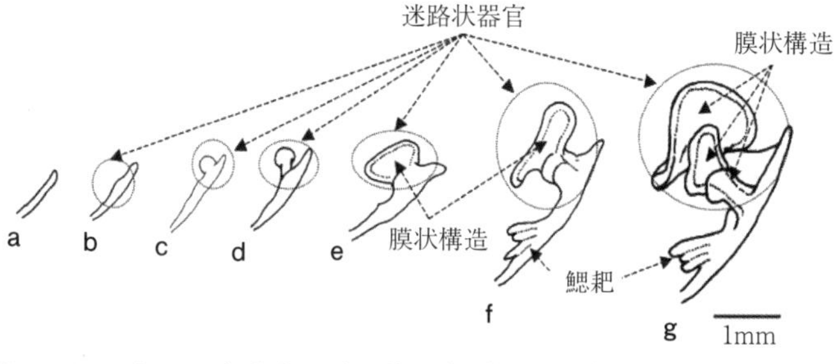

図３　キノボリウオ仔稚魚の迷路状器官（第１鰓弓）の成長に伴う発達

a 孵化後 10 日（体長 5.8mm）; b 孵化後 16 日（7.2mm）; c 孵化後 19 日（9.6mm）; d 孵化後 26 日（10.2mm）; e 孵化後 26 日（12.6mm）; f 孵化後 30 日（14.9mm）; g 孵化後 35 日（21.9mm）

［Morioka et al. (2009) より抜粋・改変］

Ⅳ-2　その他の様々な空気呼吸魚

西アジアや東南アジアでは，キノボリウオのように鰓の一部が変形し大気中から直接空気を取り入れることのできる魚種が，分類群を問わず数多く存在する．例えばキノボリウオ亜目(Anabantoidei)のオスフロネムス科(Osphronemidae)に属する全ての魚種は（図4），上記のキノボリウオと同様に膜状に変形した迷路状器官を持ち，直接酸素を摂取することができる（Morioka et al. 2010; Morioka et al. 2012; Morioka et al. 2013a）．

また，全く別の分類群に属するスズキ目タイワンドジョウ科（Channidae）のライギョの一種 *Channa striata* やナマズ目(Siluriformes)ヒレナマズ科(Clariidae)の一種 *Clarias macrocephalus*（図5）でも，鰓腔《さいこう》の上部に形成される呼吸腔と称される空間や，鰓弓が変形した上鰓器官などが発達し，口から吸入した空気からこれらの器官を通して直接酸素を取り込むことができる．上記のキノボリウオ亜目の魚種で見られる第1鰓弓が変形した迷路状器官（図3）とは異なり，ヒレナマズ科（Clariidae）の *Clarias macrocephalus* の上鰓器官では，体長11mm を超える頃（孵化後16日以降）に第4，第5鰓弓が融合し，原基的な上鰓器官の形成が開始される（図6）．その後，呼吸腔を形成しつつ，これら鰓弓の上部に膜状構造が発達し，さらに表面積の広いひだ状構造となって空気呼吸機能も増大してゆく．この魚種の同属異種であり同じく空気呼吸能力を有する *C. batrachus* には Walking catfish（歩くナマズ）という英名が冠されており，キノボリウオと同様に陸上を動き回るような行動をとる魚と誤解されがちである．

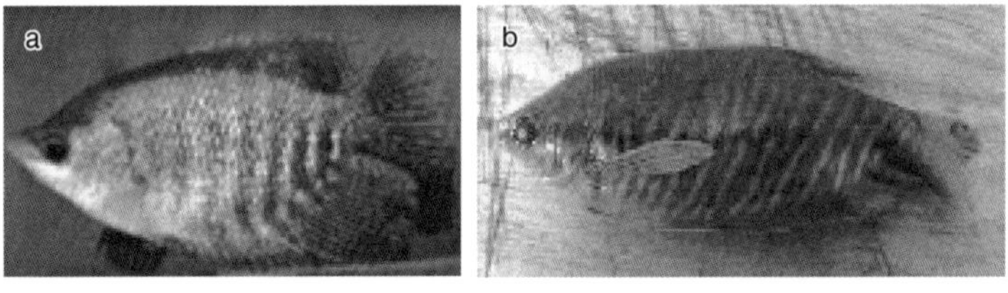

図4　オスフロネムス科魚類２種

a:同科魚類の中で最大のジャイアントグラミー *Osphronemus exodon*（写真は体長約20cm の未成魚），
b：体側の蛇のような模様からスネークスキングラミーと称される *Trichopodus pectoralis*.

しかし，本属の魚種もキノボリウオと同じく，水位が極度に低く溶存酸素が乏しい環境下でも生存が可能であるものの，積極的に陸上に進出することはない．

上記の魚たちは，成長に伴い迷路状器官や上鰓器官が発達し空気呼吸能力を獲得した後も，通常の魚類と同様に鰓弁から水中の溶存酸素を吸収する機能を持ち続ける．しかし面白いことに，これらの魚類は空気呼吸をせずに水中呼吸のみの状態に置かれると生きてゆくことができない．すなわち生存するためには空気呼吸も必須な魚（obligatory air breathing fish と称される）なのである．一方で，空気呼吸能力を有するものの，水中呼吸のみでも生存が可能な魚類も存在する．アフリカに分布するハイギョ（レピドシレン目プロトプテルス科 Protopteridae の *Protopterus annectens* など）がこうした魚種の代表的な例であるが，これらの魚類は溶存酸素が極度に低下するなどの条件以外では空気呼吸を行わずとも生きてゆける（facultative air breathing fish と称される）（Abdallah et al.

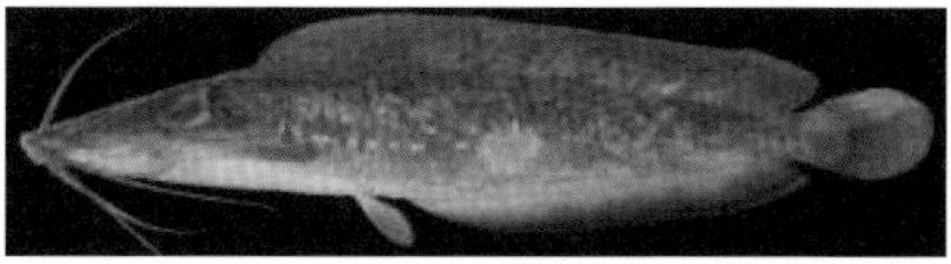

図５　ヒレナマズ科 *Clarias macrocephalus* の成魚（体長約 25cm）．

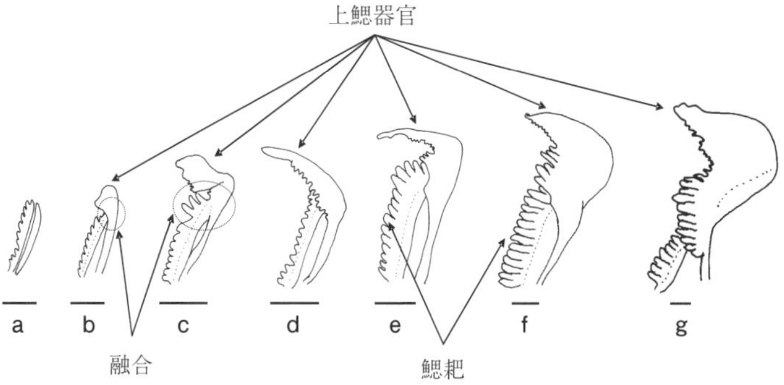

図６　ヒレナマズ仔稚魚の上鰓器官（第４，第５鰓弓）の成長に伴う発達

a 孵化後 13 日（体長 10.4mm）; b 孵化後 16 日（11.2mm）; c 孵化後 22（13.8mm）; d 孵化後 25 日（16.0mm）; e 孵化後 30 日（18.5mm）; f 孵化後 35 日（22.6mm）; g 孵化後 40 日（27.7mm）

［Morioka et al.（2013a）より抜粋・改変］．図中スケールバー 1mm.

2015). こうした魚では，キノボリウオやヒレナマズ等に見られる空気呼吸のために特化した上鰓器官や迷路状器官（図3，6）が形成されることはないが，呼吸腔（suprabranchial chamber，上鰓腔とも称される）という哺乳類における肺のような器官が発達し，ここに口から空気が取り込まれ，その後部に位置する空気呼吸管（respiratory air sac）において呼吸が行われる．

Ⅳ-3　なぜ空気呼吸をする必要があるのか？

筆者らが，ラオスにおいて形態の記載や行動観察などを通じて空気呼吸機能を確認した魚種は表1に記した8魚種に過ぎないが，先述したように，もっと多くの魚，例えばタイワンドジョウ科（Channidae）の *Channa* 属魚類全般や，オスフロネムス科（Osphronemidae）の *Trichopsis* 属全般など，東南アジアには空気呼吸能力を持つ魚種が数多く存在する（Huang et al. 2011; Morioka et al. 2013b）．これらに加え，この地域には腸や皮膚からの空気呼吸が可能なドジョウ科（Cobitidae）の魚類も分布するので（Mcmahon and Burggren 1987），さらに多くの空気呼吸魚が域内には存在するのである．これらの魚たちの生息域を見てみると，その多くが水田や農業水路あるいは沼沢《しょうたく》地などの比較的水深が浅く流れの緩やかな水域，もしくは止水域に生息しているケースが多い（例外的に

表1　筆者らのこれまでの調査で，空気呼吸能力が確認されている魚種

目，亜目，科	属・種
ナマズ目 Siluriformes	
ヒレナマズ科 Clariidae	*Clarias macrocephalus*
	C. batrachus
スズキ目 Perciformes	
タイワンドジョウ科 Channidae	*Channa striata*
スズキ目 Perciformens,	
キノボリウオ亜目 Anabantoidei	
キノボリウオ科 Anabatidae	*Anabas testudineus*
オスフロネムス科 Osphronemidae	*Trichopodus pectoralis*
	T. trichopterus
	Osphronemus goramy
	O. exodon

Channa 属の一種の *C. gachua* は山岳渓流にも分布）．こうした水塊では，先述したように雨期から乾季に季節が移り変わる際に極端に水位が変動し，またそれに伴う水温の変化による水中の溶存酸素量の大幅な消長などが生じやすい．上記の魚たちの空気呼吸能力の獲得は，それぞれの分類群においてこうした激変しがちな環境に適応する形で進化した結果であったと考えて良いだろう．

一方で，そうした水塊には空気呼吸能力を持たない魚類，特にコイ科（Cyprinidae）の中・小型種も数多く分布する．例えば *Esomus metallicus* や *Rasbora* 属あるいは *Puntius* 属などの小型種が，水田・農業水路あるいは沼地などの水深が浅く流れの緩やかな水域，もしくは止水に出現する代表的なコイ科魚類である（図 7）．しかし，コイ科は極めて多様な環境に適応し広汎な生息域を有する分類群であり，それに伴い非常に多様な種分化が進んだ分類群であるにもかかわらず，なぜか空気呼吸能力を獲得するには至っていない．一説にはコイ科では水面呼吸（水面直下で口をパクパクさせながら呼吸する行動，aquatic surface respiration）（佐原他 2014; Abdallah 2015 など）に長《ちょう》じた魚種が多く，すなわち低酸素状態に置かれても水面近くの比較的溶存酸素の多い場所で呼吸を行う能力が高いために，上記の各魚種のような空気呼吸能力を獲得することがなかったという．

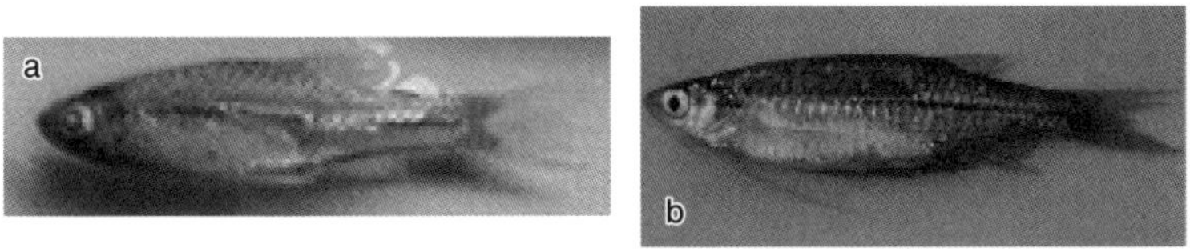

図 7　水田や農業水路等に多く出現する代表的な小型コイ科魚類

a：*Rasbora rubrodorsalis*（体長約 25mm），b：*Esomus metallicus*（体長約 35mm）．

Ⅳ-4　空気呼吸魚の食用魚としてのメリット

ラオスをはじめとする開発途上国では，施設の不足や不安定な電力供給事情などの理由で，多くの場合は魚市場でも販売物の低温管理を十分に行うことができない．したがって，そうした市場では魚の鮮度を長時間保持することが極めて難しい．また，電気事情が比較的良い市場では，水槽や大型のバケツなどの容器にエアレーションを施すことで活魚販売を試みているものの，亜熱帯というお国柄ゆえ，乾季の終わりから雨季の初期の高温の続く季節（4～6月頃）には，水槽内の水温がずいぶんと高くなってしまうため，長時間にわたって生きの良い活魚を販売することは容易ではない．こうした環境下の魚市場で重宝されるのが空気呼吸魚である．図8の写真に示したように，ヒレナマズやキノボリウオ，あるいはタイワンドジョウ科の魚類などの空気呼吸魚は，ごく少ない水を小さなタライなどの容器に入れ，その中にこれらの魚類を大量に収容した状態で販売される．浅くて小さな容器の中で魚がひしめき合っているような情景からは，一見それらの魚が劣悪な状態に置かれているようにも見える．しかし，これらの魚種は空気呼吸能力があるため，そのような状態でも一定期間生存することができ，長時間にわたって鮮度が維持された状態で販売に供することができるのである．このような空気呼吸魚の特質は販売者だけでなく購入者もよく分かっており，市場で扱われる空気呼吸魚の多くが体長30cm未満の中・小型魚であるにもかかわらず，大型のコイ科や空気呼吸能力を持たないその他の大型ナマズ類などと比べて，鮮度のよい活魚として売られている空気呼吸魚を好んで購入してゆく．

また，空気呼吸魚は高密度での養殖システムにも適性を有していると言えるかもしれない．ラオスのような開発途上国では，給電インフラの不足や停電が多いなどの不安定な電力事情から，素掘り池などで養魚を行う際にも人為的な酸素供給を行うことはまずない．こうした環境では，通常の水中呼吸魚にとっては，特に高水温期に生じる水中の低い溶存酸素が大きなストレスとなり，これが原因で養魚の大量死亡が生じることがある．しかし，キノボリウオをはじめとする空気呼吸魚は，水温35度前後の高水温下であっても低い溶存酸素に

図8　空気呼吸魚3種

（a：ヒレナマズ科 *Clarias batrachus*，b：キノボリウオ科 *Anabas testudineus*，c：タイワンドジョウ科 *Channa striata*）と通常の水中呼吸魚2種（d：コイ *Cyprinus carpio*，e：ハクレン *Hypophthalmichthys molitrix*）．空気呼吸魚3種はエアレーションなしでも長時間活魚として販売可能だが，水中呼吸魚はエアレーションがないと，写真eのように死亡し，短時間しか活魚販売ができない．

耐えることができるので，池などの閉鎖環境での高密度養殖の適性も備えていると言えるだろう．さらに，こうした空気呼吸魚の低溶存酸素への耐性，すなわち高水温下でも生残が十分に可能な特質を有する点から，今後予想される地球温暖化による環境変動にも適応が可能な養殖対象種として，さらに注目されることとなるかもしれない．

参考文献

Abdallah SJ, Thomas BS, Jonz MG (2015) Aquatic surface respiration and swimming behaviour in adult and developing zebrafish exposed to hypoxia. The Journal of Experimental Biology 218:1777-1786

Huang C-H, Lin C-P, Lin C (2011) Morphological and biochemical variations in the gills of 12 aquatic air-breathing anabantoid fish. Physiol Biochem Zool March 2011 (DOI: 10.1086/658996)

Mcmahon BR, Burggren WW (1987) Respiratory physiology of intestinal air breathing in the teleost fish *Misgurnus anguillicaudatus*. J exp Biol 133:371-393

Morioka S (2009) Otolith daily increment formation and preliminary growth analysis in the 0-year old climbing perch *Anabas testudineus* (Bloch, 1972) (Pisces: Anabantidae). Aquacul Sci 57:463-468

Morioka S, Ito S, Kitamura S, Vongvichith B (2009) Growth and morphological development of laboratory-reared larval and juvenile climbing perch *Anabas testudineus*. Ichthyol Res 56:162-171

Morioka S, Ito S, Kitamura S (2010) Growth and morphological development of laboratory-reared larval and juvenile snakeskin gourami *Trichogaster pectoralis*. Ichthyol Res 57:24-31

Morioka S, Chanthasone P, Phommachan P, Vongvichith B (2012) Growth and morphological development of laboratory-reared larval and juvenile three-spot gourami *Trichogaster trichopterus*. Ichthyol Res 59:53-62

Morioka S, Vongvichith B, Phommachan P, Chantasone P (2013a) Growth and morphological development of laboratory-reared larval and juvenile bighead catfish *Clarias macrocephalus* (Siluriformes: Clariidae). Ichthyol Res 60:16-25

Morioka S, Vongvichith B, Phommachan P, Chantasone P (2013b) Growth and morphological development of laboratory-reared larval and juvenile giant gourami *Osphronemus goramy* (Perciformes: Osphronemidae). Ichthyol Res 60:209-217

佐原雄二，浅原宏子，石岡奈々子（2014）モツゴ（*Pseudorasbora parva*）当歳魚の成長と溶存酸素．弘大農生報 16:1-6

Zacconea G, Lauriano ER, Capillo G, Kuciel M (2018) Air- breathing in fish: Air-breathing organs and control of respiration nerves and neurotransmitters in the air-breathing organs and the skin. Acta Histochemica, online: https://doi.org/10.1016/j.acthis.2018.08.009

第Ⅴ章　共食い－肉食魚の種苗生産の大敵－

森岡伸介・Bounsong Vongvichith

魚類における“共食い”は決して珍しいことではなく，様々な魚種で見られる現象である（Smith and Reay 1991）．なかでも魚類の養殖を行う上で大きなリスクとなる共食いは，“Sibling cannibalism（兄弟姉妹間の共食い）”と“Filial cannibalism（親による子の共食い）”の二型と言って良いだろう（Manica 2002; Sukumaran et al. 2011）．特に前者は養殖のための種苗生産を行う際の大きな障害であり，稚魚期における共食いは，養殖用の種苗の減耗（仔稚魚の大量死）による養殖実施者の経済的損失を招く．またそればかりではなく，生き残った魚に対してもストレスを与え，その後の飼育に悪影響を及ぼす可能性もあり，種苗生産そのものを不安定な状態に追い込みかねない（竹下 2008）．草食性の魚類に関しては，このような共食いが生じることは稀であるが（Hecht and Pienaar 1993），肉食性の魚類においてこの現象は極めて頻繁に観察される．我が国でも共食いによる魚類の初期の減耗については多くの研究例があり（竹下 2008; 橋本他 2014），その軽減手法に関する報告も数多い．

ラオスでの在来魚類の養殖技術開発のために我々が種苗生産を試みてきた魚種では，本書に度々登場するスズキ目キノボリウオ科（Anabatidae）のキノボリウオ（*Anabas testudineus*）をはじめ，ナマズ目パンガシウス科（Pangasiidae）のカイヤン（*Pangasianodon hypophthalmus*），同じくナマズ目でギギ科（Bagridae）の *Hemibagrus filamentus* の３種の種苗生産試験において，非常に強い“Sibling cannibalism（兄弟姉妹間の共食い）”が観察され，大きな初期減耗の要因となった．本章では，特にキノボリウオに関する共食いの発生状況，そのメカニズムおよび共食いの軽減手法に関する若干の知見を紹介したい．加えてカイヤンに関する共食い事例と，その後の発育による共食いの消失，ならびにニシン科の小型魚であるパ・ケオ（*Clupeichthys aesarnensis*）の天然個体群で観察された“Filial cannibalism”についても記すこととする．

V-1　キノボリウオの共食い

キノボリウオ（*Anabas testudineus*）の孵化時の体長はおよそ1.8mm程度とかなり小さい．しかし，その後は成長・発育とともに体長を増してゆき，飼育水温にも左右されるが，25-30℃というこの種にとっての適水温下で飼育すると，孵化後20日頃（体長＞8mm）には各鰭の鰭条《きじょう》数が定数に達し，形態的に仔魚期から稚魚期へと移行する*（図1）．しかし本種の共食いは発生のごく初期である体長5mm程度の仔魚期から観察され，しかもその頻度は極めて高い．多くの場合は，捕食個体がより小さな個体の尾の方から噛みつき，飲みこんでゆくパターンの共食いである（図2）．

そこでまず，共食いが始まる時期の捕食側の個体と，被食されて死亡した個体の体長差を見てみると，捕食個体の体長が5mmを超え，さらに被捕食個体

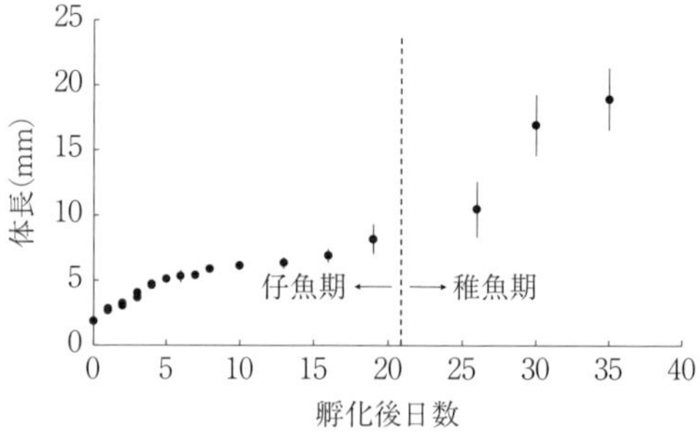

図1　キノボリウオ仔稚魚の孵化後日数に伴う体長の成長
（体長8mm強で仔魚期から稚魚期に移行）

［Morioka et al.（2009a）より抜粋，改変］

* 各鰭の鰭条が定数に達し，鱗が体表を覆った時点で仔魚期（Larval stage）から稚魚期（Juvenile stage）に移行するとしたKendall et al.（1984）の定義

側との体長差が約 1mm を超えた時点で共食いが発生することが明らかとなった（図 3）.

この時期のキノボリウオの形態的な特徴を概観すると，体長 5mm を超える頃に尾鰭《おひれ》の鰭条が急速に発達し，また同時に脊索《せきさく》*（notochord）の尾部屈曲が進

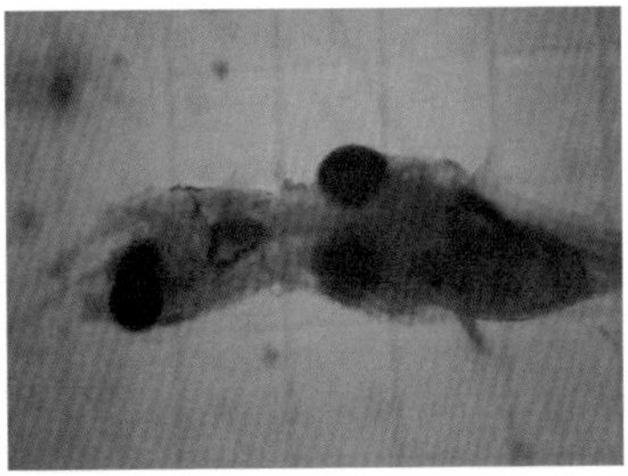

図 2　キノボリウオ仔魚の共食い

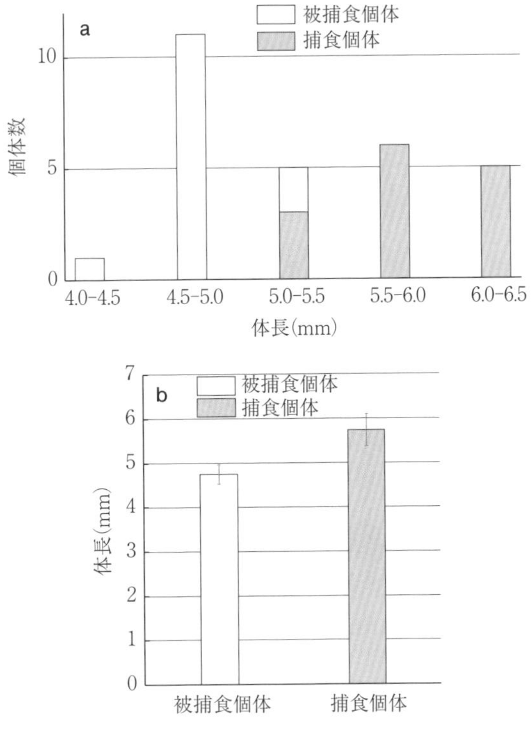

図 3　キノボリウオ仔魚の共食い開始時の被捕食個体および捕食個体の体長
a：被捕食個体および捕食個体の体長分布，b：被捕食個体および捕食個体の平均体長

---

*骨化する前の原基的な背骨

行するなどの形態発育の特徴から，遊泳能力の増大する時期であることが強く示唆された（Morioka et al. 2009b）．さらにこの時期には口内に鋭い歯が出現し，歯がない時期の主な餌の食べ方であるプランクトンのまる飲み型の摂餌パターンに加え，歯を利用した噛みつき型の摂餌パターンが可能になる時期でもあることが明らかとなった（Morioka et al. 2009b）．こうした遊泳や摂餌に関する形態的な発育が共食いを誘発する要因の１つと考えられる．またこのような形態発育に加え，キノボリウオの仔魚は孵化時に保有する卵黄が孵化後６日目ごろ（約 140 時間）までにほぼ完全に吸収され（図 4），この時期はやはり共食いの開始期とほぼ重なる．つまり，それまでは栄養摂取を内部栄養（卵黄）と外部栄養（プランクトンなどの餌）の双方に依存できていたものが，卵黄吸収（消失）後には栄養摂取を完全に外部栄養に依存することとなり，この時期にはより多くの餌を必要とする時期に差し掛かっているものと考えられるのである．

上述したように，共食い発生期に生じる魚体の急速な形態発育や卵黄の消失に伴って，外部栄養（餌）によるエネルギー（栄養）吸収の必要性が増していること，すなわち餌不足が共食い誘発の要因の１つと考えられる．その一方で，餌不足という観点以外に，高密度飼育も共食いの大きな要因の１つと考えられている．そこで次に，飼育密度を 10 個体／L，50 個体／L，および 100 個体／

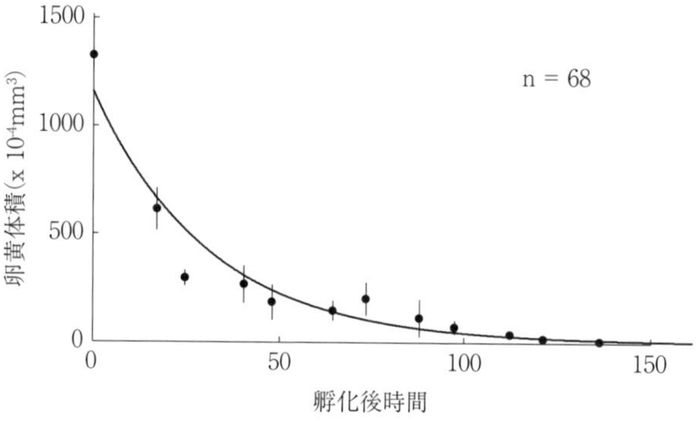

図 4　キノボリウオ仔魚の卵黄体積の孵化後の時間経過に伴う減少傾向

孵化後約 140 時間（約 6 日）で卵黄は完全に吸収される

［Morioka et al.（2009a）より抜粋・改変］

Lの3区を設定し，餌となる動物プランクトンを常時供給しつつ2日間飼育したところ，低密度区（10個体／L）の方が高密度区（100個体／L）よりも共食い死亡率は低い傾向が認められるものの，なお平均20%強の共食い死亡が観察された（図5）．

また，給餌条件（常に餌料となる動物プランクトンが10個体／ml存在する状態）と無給餌条件下で2日間飼育した場合の共食いによる死亡率を比較してみると，前者では平均2%以下と極めて低水準であったのに対し，後者では約25%の高水準の共食い死亡率が認められた（図6）．この現象も，餌不足が共食い発生の大きな要因であることを強く示唆している．しかしラオスでは，キノボリウオ仔魚を人為的に飼育する際の主要な餌料となる動物プランクトン（ツボワムシ *Brachionus* spp.やブラインシュリンプ *Artemia* spp.のノープリウス幼生）を常時高密度で維持しこれを給餌するのは現実的には難しい．ツボワムシは比較的容易に人為的に水槽内で増殖・培養することが可能ではあるものの，ラオスではその餌料となる単細胞緑藻（*Nannochloropsis* spp.など）の安定的な供給が困難であることから，ツボワムシ自体の長期の維持は容易ではない．また，ブラインシュリンプは市販の乾燥卵を用いて容易に必要量を確保することができるものの，その高価な単価からやはりラオスでは大量給餌を継続的に行うことは困難である．

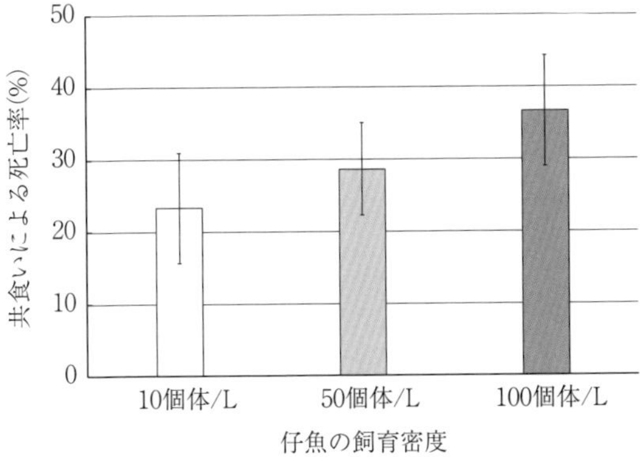

図5　異なる飼育密度におけるキノボリウオ仔魚の共食いによる死亡率の差

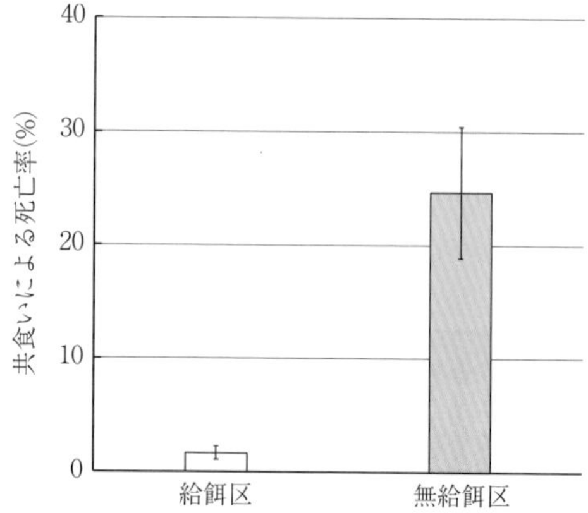

図 6　給餌および無給餌条件下でのキノボリウオ仔魚の共食いによる死亡率の差

そこで，キノボリウオが昼行性であることに着目し，通常光の下での明条件飼育と，黒色布で実験水槽を覆いキノボリウオが摂餌可能ではあるが明度を極限まで抑えた飼育条件（暗条件）での共食い発生率を比較したところ（飼育期間 2 日間），前者では共食いによる死亡率が平均 20% 強であったのに対し，後者では約 5% とごく低水準であった（図 7）．以上の結果から，キノボリウオの共食いは対象を視認することにより発生率が高まることが示唆された．

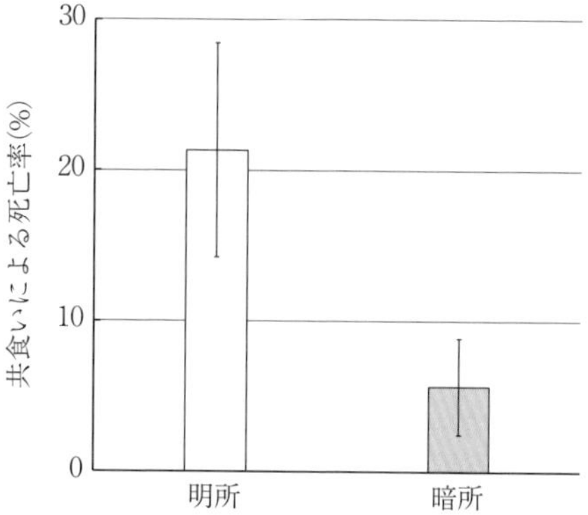

図 7　異なる光条件（明条件および暗条件）下での
キノボリウオ仔魚の共食いによる死亡率の差

上記の結果から，キノボリウオの共食いを軽減するには，1）豊富な餌料生物（動物プランクトン）の存在，2）低い密度飼育および3）仔稚魚の視認性の低減が有効であるものと考えられた．こうした知見から我々は，本種の種苗生産に際し，一定程度の濁りが生じやすい素掘り池を用いることで仔稚魚の視認性をある程度低減し，さらに十分量の肥料（堆肥等）を投与することで動物プランクトンの発生を促した上で，1尾／Lを下回る低密度で種苗生産を行うことにより，共食いによる大規模減耗を防除している．

Ⅴ-2　カイヤンの共食い

前項で記したキノボリウオだけでなく，他の様々な魚類でもよく見られる“Sibling cannibalism（兄弟姉妹の共食い）”は，一般的には孵化後数日，あるいはもっと長い期間を経て，ある程度歯や鰭などの摂餌・遊泳能力に関する器官の発育が進んでから生じるケースがほとんどである．例えば上記のキノボリウオでは，前項で示したように孵化後9-10日頃（体長5mm強）に鰭（特に尾鰭）がある程度発育し，さらに歯が出現した後に共食いが発現し（Morioka et al. 2009b），またカンパチでは孵化後18-19日（全長6.5mm以上）にやはり鰭がある程度発達し遊泳力が増した段階で共食いが発現する（橋本他 2014）．また，多くの肉食魚類では，サイズのばらつき（Hecht and Pienaar 1993; Qin and Fast 1996）や餌不足（Hseu et al. 2003），あるいは高密度飼育（Smith and Reay 1991）が共食いの要因と考えられており，共食いはしばしば稚魚期以降にも継続的に生じ，種苗生産時の生残率を10%以下にまで低下させる要因ともなる（Parazo et al. 1991）.

しかし，この項で触れるカイヤン（*Pangasianodon hypophthalums*）というパンガシウス科のナマズの一種では，孵化後間もない生後2-3日目（体長6mm前後）に，ツボワムシやブラインシュリンプなどの動物プランクトンが豊富に餌料として与えられているにもかかわらず，強度の共食い行動が観察される．しかしその共食い行動は，その後まもなく急速に鎮静化し，Morioka et al.（2010）によれば孵化後6日目前後（体長9mm前後）までにほぼ完全に終息する．こうした強度の共食いが生じる時期は，卵黄が急激に吸収されほぼ消失する時期にあたるとともに，眼球の黒色素沈着が完了し（視覚の獲得，発達），円錐状の鋭い歯（噛みつき能力の獲得）やヒゲの出現（触覚や味覚の獲得*），および上顎《じょうがく》長の顕著な増大（噛みつき能力の獲得）が観察されることから（図8），この時期の摂餌能力の急激な発達を示唆している．また同時に，遊泳能力の増大を示す尾部の脊索屈曲，背鰭・脂鰭《あぶらひれ》の原基や浮袋の出現もこの時期に認められる．こうした急速な形態の変化に伴うエネルギー消費により卵黄（＝体内栄養源）は急速に消失に向かい，同時に多量の体外栄養源（＝餌）の必要性が急激に増大する時期であることが共食いの発生の要因の１つと考えられる．また，進化的側面から見てみると，より強い個体が選択的に生残するための種としての戦略とも考えられるだろう．

面白いことに，上記の鋭利な歯は，出現から数日で肉質組織に覆われ埋没し，最終的には消失して，口蓋《こうがい》歯（palatal teeth）という平板なヤスリ状の歯が代わって発達する．この円錐歯の消失とその後の口蓋歯の発達は，成魚では比較的雑食性の強いとされる本種において（Ukkatawewat 1984），仔稚魚期の肉食性からその後の雑食性への食性変化に伴う形態変化とも言えるだろう．また，共食いの鎮静化・終息後の本種は，群れを成して遊泳するようになるとともに，

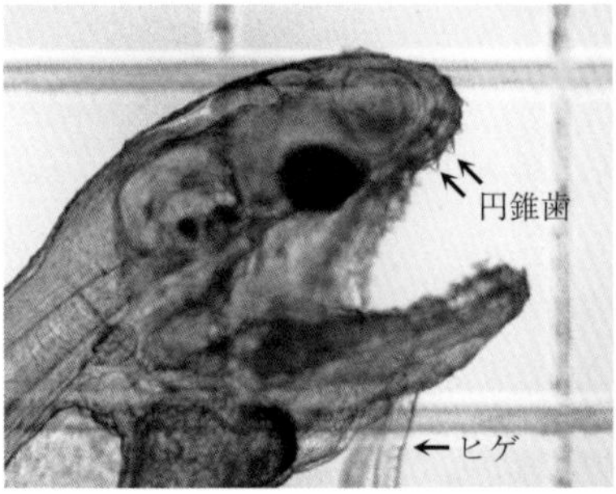

図８　強度の共食いが生じている時点（孵化後2-3日目）のカイヤン（*Pangasianodon. Hypophthalmus*）仔魚の口部（歯が急速に発達するステージ）

---

*ナマズ類を含む多くの魚類のヒゲには味蕾（味覚を感じる細胞）があることが知られている

再び共食い行動を起こすこともなく極めて平穏に成長を続ける（Morioka et al. 2010）．こうした点から，本種については孵化後2-6日目というごく限定的な期間の共食いを低減することで仔魚の生残率の向上が可能となり，より効率的な種苗生産が可能となると言えるだろう．しかし現状では，この種の産む卵の数はメスの体重1kgあたり約120,000-150,000粒とその数が多く（Sah et al. 2018），上記のような限定的な期間内の共食いによる減耗があっても必要数の種苗を確保することが十分に可能であるため，共食い防除に関してはその必要性があまり意識されていないようである．

V-3　小型ニシン科魚類パ・ケオで見られた“Filial cannibalism”

*Clupeichthys aesarnensis*という小魚は，本来海水性のニシン科（Clupeidae）魚類が進化を経て陸封されて淡水種として内陸に分布している魚種である．ラオスではパ・ケオ（Pa keo），隣国のタイではプラ・カウ（Pla kaew）と称され，またThai river sprat（タイの川のニシン科の小魚の意）という英名を持つこの魚は，最大で体長60mm程度の小型種であり，タイやラオスの大型人造湖（ダム）で大量に漁獲されている非常に重要な漁業対象種でもある．本種の生態や漁業上の重要性については第XI章で紹介することとするが，ここでは本種の共食いについて少々記してみたい．

本種は，ニシン科の多くの魚種がそうであるようにプランクトン食である．Morioka et al.（2019）によれば，本種では体長30mm以上の成魚に達した個体では小型の昆虫類を捕食する例も観察されるが，カイアシ類やミジンコ類といった動物プランクトンが生涯を通じて最も重要な餌料生物であることは疑いがない．しかし，そうした食性にもかかわらず本種では時に“Filial cannibalism（親による子の共食い）”が生じることがある．図9は，体長37mmの成魚による本種仔魚（体長7-9mm）の共食いの例である．こうした「親子共食い」は魚類ではよく観察される現象であり，その理由としては繁殖直後の親魚の回復を補助し，次回の繁殖活動に資する戦略的な行動と説明されている（Smith and Reay 1991; Manica 2002）．

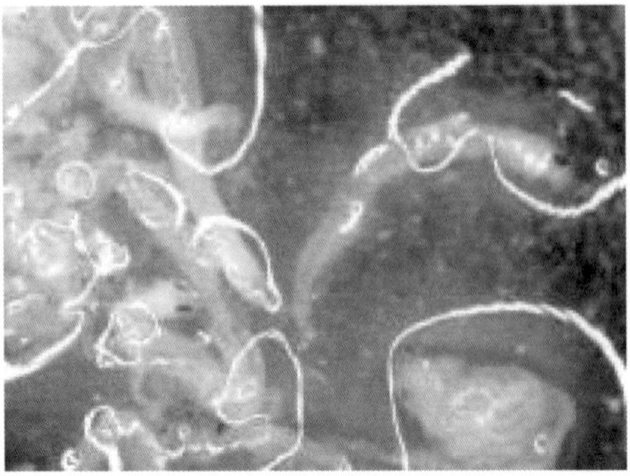

図9　パ・ケオ（*Clupeichthys aesarnensis*）の成魚（体長37.0mm）の胃内で観察された同種の仔魚（体長7-9mm）

パ・ケオと同じくニシン科の小型魚類である海産魚のイカナゴ（*Spratelloides gracilis*）でも，同種がプランクトン食性であるにもかかわらず，親個体による仔魚への共食いが報告されている（山田他 1988）．この種における親子共食いによる仔魚の減耗は，時にイカナゴの個体群そのものの縮小につながるほどの影響を及ぼすことも知られている．

Jutagate et al.（2003）や Morioka et al.（2019）などによれば，近年パ・ケオは乱獲により資源水準が低下しつつあることが示唆されているが，今後さらに本種資源の動向を精査するには，親子共食いによる資源変動の可能性も考慮したほうが良いのかもしれない．

参考文献

橋本　博，林　知宏，浜崎活幸，甲斐　勲，外薗博人，中村章彦，岩崎隆志，照屋和久，浜田和久，虫明敬一（2014）カンパチ種苗生産における仔稚魚の体サイズ差と攻撃行動および共食いの関連．水産増殖 62:259-271

Hecht T, Pienaar AG (1993) A review of cannibalism and. its implications in fish larviculture. Journal of the World Aquaculture Society 24:246-261

Hseu JR, Chang HF, Ting YY (2003) Morphometric prediction of cannibalism in larviculture of orange-spotted grouper, Epinephelus coioides. Aquaculture 218:203-207

Jutagate T, De Silva SS, Mattson NS (2003a) Yield, growth and mortality rate of the Thai river sprat, *Clupeichthys aesarnensis*, in Sirinthorn Reservoir, Thailand. Fish

Mgmt Ecol 10:221-231
Kendall AW Jr, Ahlstrom EH, Moser HG (1984) Early life history stages of fishes and their characters. In: Moser HG, Richards WJ, Cohen DM, Fahay MP, Kendall AW Jr, Richardson SL (eds) Ontogeny and systematics of fishes, Am Soc Ichthyol Herpetol Spec Publ No 1. Allen Press, Lawrence, pp 11-22
Manica A (2002) Filial cannibalism in teleost fish. Biological Review 77:261-277
Morioka S, Ito S, Kitamura S, Vongvichith B (2009a) Growth and morphological development of laboratory-reared larval and juvenile climbing perch *Anabas testudineus*. Ichthyological Research 56:162-171
Morioka S, Sakiyama K, Ito S, Vongvichith B (2009b) Technical report and manual of seed production of the climbing perch *Anabas testudineus*. JIRCAS Working Report 61, JIRCAS, Tsukuba.
Morioka S, Sano K, Phommachan P, Vongvichith B (2010) Growth and morphological development of laboratory-reared larval and juvenile *Pangasianodon hypophthalmus*. Ichthyol Res 57:139-147
Morioka S, Vongvichith B, Marui J, Okutsu T, Phomikong P, Avakul P, Jutagate T (2019) Characteristics of two populations of Thai river sprat *Clupeichthys aesarnensis* from man-made reservoirs in Thailand and Laos, with aspects of gonad development. Fish Sci 85:667-675
Parazo MM, Avila EM, Reyes DM Jr (1991) Size- and weightdependent cannibalism in hatchery-bred sea bass (Lates calcarifer Bloch). J Appl Ichthyol 7:1-7
Qin J, Fast AW (1996) Size and feed dependent cannibalism with juvenile snakehead Channa striatus. Aquaculture 144:313-320
Sah U, Wagle SK, Mehta SN, Mukhiya YK (2018) Preliminary observations on breeding and fry rearing of pangas (*Pangasius hypophthalmus*) in eastern terai region of Nepal. Int J Fish Aquatic Res 3:14-16
Smith C, Reay P (1991) Cannibalism in teleost fish. Reviews in Fish Biology and Fisheries 1:41-64
Sukumaran K, Thirunavukkarasu AR, Kailasam M, Sundaray JK, Subburaj R, Thiagrajan G (2011) Effect of stocking density on size heterogeneity and sibling cannibalism in Asian seabass *Lates calcarifer* (Bloch, 1790) larvae. Indian Journal of Fisheries 58:145-147
竹下　朗（2008）飼育環境下におけるチャイロマルハタの共食いに関する基礎的研究．長崎大学水産学部博士論文．
Ukkatawewat, S (1984) The taxonomic characters and biology of some important freshwater fishes in Thailand. National Inland Fisheries Institute, Department of Fisheries, Ministry of Agriculture, Bangkok, Thailand.
山田浩且，津本欣吾，久野正博（1998）伊勢湾産イカナゴ仔魚の成魚による捕食減耗．日本水産学会誌 64:807-814

第Ⅵ章　餌を与えないでも魚の養殖はできる？
ー水田や溜め池での無給餌養殖の可能性ー

森岡伸介・川村健介・Bounsong Vongvichith

あらためて言うまでもないことであるが，魚の養殖とは，一般的には生け簀や池の中に稚魚等（種苗）を放流し，特定の環境下で魚介類を飼育するものである．魚種や養殖場所の立地上の条件などにより様々な養殖形態が存在するが，人為的な給餌の多寡を基準に養殖形態を大雑把に分けてみると，以下の３形態に大別することができる．

集約的養殖（intensive aquaculture）：魚に与える餌のほぼ100％が人為的に供給され，種苗（魚の仔稚魚）を高密度で収容し養殖する手法．日本ではマダイやカンパチの網生け簀養殖などが好例．

半集約的養殖（semi-intensive aquaculture）：素掘り池*などを用い，集約的養殖よりも低い飼育密度で種苗を収容し，池の中に施肥をして天然の餌料生物（プランクトンなど）の発生を促しつつ，人工の飼料を限定的に与える養殖手法．東南アジアで一般的な海産エビの沿岸汽水池での養殖が好例．

粗放的養殖（extensive aquaculture）：半集約的養殖よりもさらに低い飼育密度で素掘り池などの施設に稚魚を放流し，人為的な餌をほぼ与えない養殖手法．1990年代までのフィリピンなどにおけるサバヒー（*Chanos chanos*，英名milkfish）の養殖の主流であった「lab-lab method**」に代表される手法（この養殖形態では，施肥により池内に発生した天然餌料にほぼ完全に依存している）．

---

* 池の底や側面をコンクリート等で覆うことなく，土の状態のままの造成した池のこと

** 沿岸の素掘りの汽水池に施肥を行い，フィリピンの現地語でlab-labと称される藻類群集（動物プランクトンも含まれる）の発生を促し，これを餌としてミルクフィッシュを養殖する方法

上記の粗放的養殖の例としてあげたフィリピンでのサバヒー養殖は，現在では海上に設けた網生け簀を用いた集約的養殖が主流となりつつある．しかし，かつて同国では上記の「lab-lab method」によって，沿岸に設けられた広大な汽水池に低密度で種苗を放流し，人工的な給餌を行うことなく，「粗放的養殖」によって年間 20 万トンを超える多量のサバヒーが商業的に生産されていた．つまり，必ずしも人為的なインプット（特に人工飼料の供給）に依存しなくとも，雑食あるいは草食性の魚種では，低密度で種苗を放流し施肥により天然餌料の発生を促すことで，一定程度の養殖生産が可能であることの大きな証左の 1 つと言えるだろう．

第Ⅱ章で記したように，ラオスは 2020 年現在では未だ後発開発途上国（LDC）に位置付けられており（同国は 2024 年に LDC からの脱却を目指している），同国の貧困率*は域内で最も高く（全人口の約 34%），さらに貧富の国内格差も大きい（増崎 2014）．加えて，域内で最も動物性タンパク質の摂取量が不足している国でもあり（第Ⅱ章参照），その傾向がより顕著な山間農村部（羽佐田 未発表）は，最も貧困層が多い地域でもある．このような地域では，高価な人工飼料を用いた養魚はほぼ不可能であり，さらに池や生け簀といった養殖インフラを新たに造成することも非常に難しい．こうした現況から，やはり「粗放的」な手法による養殖技術の開発・普及が山間農村部では必要となるだろう．

Ⅵ-1　既存の農業水塊の有効利用－水田の養魚水面としての活用－

ラオスにおける上述のいくつかの背景を考慮すると，農山村での動物性タンパク質の増産による供給量・摂取量の増加を目的とした養魚の実施には，新たなインフラ投資を必要としない，すなわち既存の農業水塊である水田や溜め池を養殖に活用することが最も現実的と思われる．ラオスの農山村では，一部に灌漑等の設備があり周年の水稲作（二期作）が可能な地域が例外的にはあるものの，水稲作の大半が天水（雨期の雨水）に依存した一期作であり，水稲生産期

* 世界銀行が定めた国際的な貧困ライン（1 日当たり 1.9 米ドル以下で生活する水準）を下回る人口比のこと

である雨季の6-10月には水田は安定的な水塊として存在する．このような水田での養殖期間は長くとも5ヵ月程度に限られるため，養魚の成長には過大な期待はできないが，自給用の魚の生産を目的とした水田の養魚活用は，農山村部では有効なタンパク質源の生産ツールとなりうるだろう．

インドシナ地域において水田養魚はポピュラーな養魚手法の一つであるが，それに関する研究の多くが，ナイルティラピアやコイといった外来種を用いた事例を扱っている（Chapman and Fernando 1994など）．この地域の在来種であるオスフロネムス科（Osphronemidae）のスネークスキングラミー（*Trichopodus pectoralis*）やコイ科（Cyprinidae）のジャワゴイ（*Barbonymus gonionotus*）などを取り入れた報告も散見されるものの（Vromant et al. 2002など），在来種を活用したうえで，水田養魚の最も重要な評価項目，すなわち養魚の生産性の評価，および同じ水田内で生産される米の生産性の評価に絞った事例報告はほとんどなく，また肉食魚を用いた事例研究もこれまで行われてこなかった．

そこで筆者らは，ラオス在来の魚類である肉食性のキノボリウオ（*Anabas testudineus*，キノボリウオ科 Anabantidae）と雑食性のジャワゴイ（*B. gonionotus*）の混養による水田養魚試験を複数回行ってきた（図1，2）．粗放的な養殖を水田や溜め池で行う場合，その中に存在する動植物が混在した天然餌料（動物性餌料は動物プランクトンや昆虫および小型の甲殻類など，植物性餌料は植物プランクトンや藻草類など）を効率的に活用する目的で，肉食性と雑食（草食）性魚類を同所的に養殖する混養は比較的ポピュラーな手法である．実際のところ上記の2種を水田において無給餌条件下で飼育すると，肉食のキノボリウオの胃からは小

図1　キノボリウオ（a）とジャワゴイ（b）

型の淡水エビや水生昆虫が見つかるのに対し，雑食のジャワゴイの消化管（同種は無胃魚なので胃を持たない）からはアオミドロなどの藻類やデトリタス（有機物を含む沈殿物）が観察される（森岡 未発表）．つまり，この２魚種の食性の違いにより水田内の天然餌料となる動植物が効率的に餌として利用されていると言えるだろう．ただし，こうした天然餌料の発生を水田内で促すためには，鶏糞などを用いた施肥を行う必要がある．

図２　ラオス南部の某村で我々が養魚試験を行った水田

この調査を通じて我々は，キノボリウオの水田養魚の適性を評価することを目的に，ラオスのビエンチャン県内の二村（ナームアン村とナポー村）において，100m^2の水田内において無給餌条件下でどの程度の生産性が期待できるか，あるいは生産性を上げるにはどのような条件が必要であるか，の二点の検証を行った．この試験では，種苗の放流密度（SD），放流時の種苗サイズ（重量，BW），給餌の有無（F）および養魚期間（SP）の４変数に着目し，どの変数が最も養魚の生産性（生物量増加指数 BGI：Biomass gain index ＝ 収獲時の魚の総重量／収容種苗の総重量）に影響を与えるかを評価したものである（Vongvichith et al. 2018）．上記の４変数の全ての組合せによる線形回帰分析モデルを比較した結果，放流時の種苗サイズは寄与要因として選択されず，給餌の有無（F），放流密度（SD）および養魚期間（SP）がBGIへの寄与要因として選択された（図3）．この３要因を変数とした線形モデル（$BGI = -27.9 \cdot SD - 0.53 \cdot SP + 6.07 \cdot F + 108.9$, $R^2 = 0.96$）の各変数の回帰係数より，養魚生産に最も大きく寄与する要因は種苗の放流密度であり（図3），今回の実験の範囲内では放流密度が低い方が，無給餌条件下であってもBGIの増加が期待できることが示されたのである（Vongvichith et al. 2018).

以上の結果から，100m^2 の水田にキノボリウオの種苗を 0.5 尾／m^2 あるいはそれ以下の密度で放流した場合には，たとえ人工的な飼料を与えない場合でも，BGI が 20 程度（種苗を 1kg 放流した場合の収獲量が約 20kg）の高い生産性が期待できることが明らかとなったのである．この数値を 1ha 当たりの生産量に換算すると，放流した種苗の生残率を約 80% と仮定した場合，約 200kg／ha のキノボリウオの生産が期待できることとなる．さらに，ラオスで全土的に水田でのキノボリウオ養殖を行ったと仮定してみると，雨季の間に安定的な水位が維持できる水田面積が国内におよそ 84,000ha と推定されるので（Vongvichith et al.

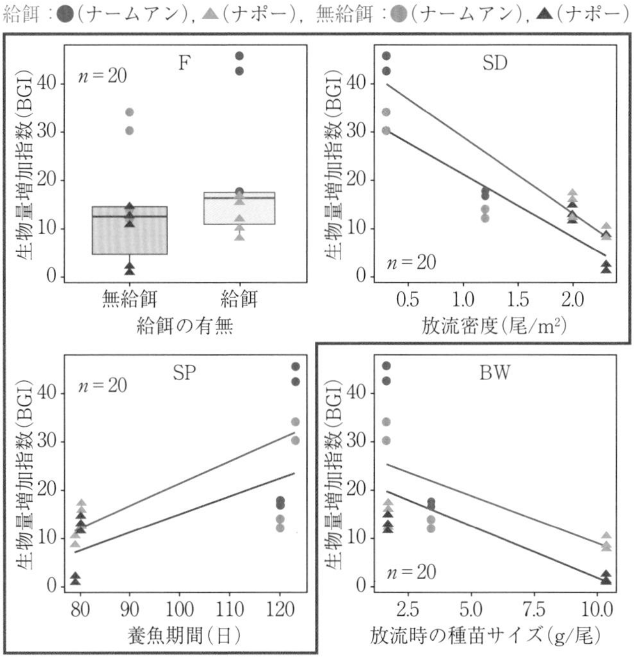

図 3　ナームアンおよびナポー村における水田養魚の
生物量増加指数（BGI）に影響すると想定された要因

［F：給餌の有無，SD：放流密度，SP：養魚期間，BW：放流時種苗重量と BGI の関係［線形回帰分析により，F，SD，SP（赤枠）が寄与要因として統計的に選択された］

［Vongvichith et al. 2018 より抜粋・改変］

2018)，単純計算では年間に16,800tの養殖生産の増加が期待できることとなる．

この生産量をもとに，ラオスの国民1人当たりの魚類供給量の増分を試算してみると，同国の人口は2020年時点で約725万人なので，年間約2.3kgの増加が見込めることとなる．また，これはあくまでも肉食魚のキノボリウオを用いた試算であり，生産性を担保するには上記のように放流密度を低水準に保つ必要がある．一方で，水田内の天然餌料に依存した無給餌条件下では，雑食・草食性の魚類を用いた場合には，一般的により高い密度での養魚も可能であることから，より大きな供給量の増加が期待できる．もちろんラオス国内の種苗生産能力は現状では極めて限定的なので，実際に広域に水田養魚を普及するには種苗生産インフラや技術者の養成といった，いわば養殖ファンダメンタルズの整備が必要なのは言うまでもないが，それでも水田を有効に養魚活用することで，相当程度の魚類供給量の増加ポテンシャルがあることに疑いがない．

ところで，水田で養魚を行った場合，米の生産性にどのような影響をあたえるのだろうか？　仮に水田で魚が生産できたとしても，そのために米の生産が減るようでは，米が重要な基幹食料であるラオスの農家にとって水田養魚はあまり魅力的なものとはならないだろう．通常，水田で養魚を行う際には，畔《あぜ》沿いに田面（稲の植え付け部分）よりも水深の深い水路を設け（幅80cm，水深80cm程度)，渇水状態になった際の養魚の避難場所とする必要がある（図4)．しかし，

図4　水田養魚に用いる水田の構造
（畔沿いに深さ80cm程度の水路を設け，渇水時の養魚の避難域としている）

当然この水路部分では稲の植え付けができなくなるため，その分の水田面積が狭小化することとなる．この栽培面積の減少による米の減収の可能性から，農民が必ずしも水田養魚に積極的になれないケースもある．

Vromant et al. (2002) はいくつかの魚種について養魚と米の生産性の関連を調べ，非養魚水田の米の収量と養魚水田の米の収量に顕著な差がなかったと報告している．しかし我々の調査では，養魚水田の米の収量性は非養魚水田よりも高い傾向がしばしば観察されている（森岡 未発表）．養魚水田における米の収量性の向上に関するメカニズムについては今後の検証が必要ではあるものの，我々は養魚（特に雑食性魚類）による水田内の稲の競合生物（雑草や藻類）の除去による稲本体への栄養分供給の増加効果，およびそれらが魚により消化され糞として排出されることによる稲への肥料効果があったものと考えている（図5）．また，肉食魚による水田内の動物（水生昆虫，小エビ等）などの摂食，糞による排出も稲への肥料効果と考えて良いだろう．こうした水田養魚による米の生産性向上が検証されれば，水田養魚はむしろ米の生産性の向上にも資するものとして農民の理解が得られ，水田養魚の技術普及に有効であることから，我々は現在このメカニズムの解明に努めている．

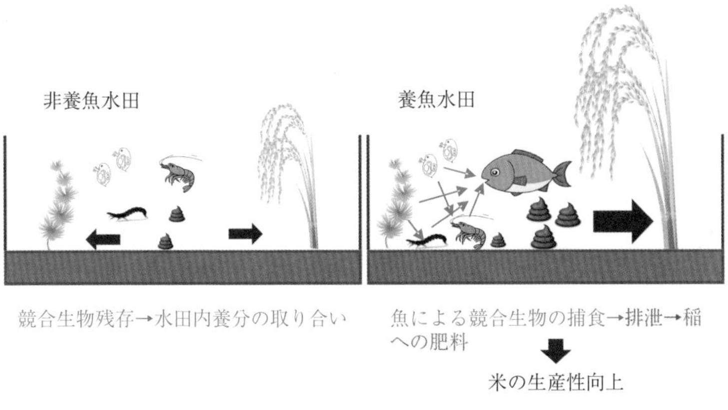

図5　水田養魚を実施した場合の水草などの稲の競合生物や，水生昆虫などの未利用生物資源が養魚による摂食を通じて糞として肥料化され，それにより期待できる米の生産性向上のイメージ図

Ⅵ-2　溜め池の養魚水面としての活用

ラオスの農山村には，素掘りの溜め池が点在するケースが多く，その目的は水稲・畑作のための灌漑目的の池であったり，あるいは農民によれば「養魚用」と称する池もある．しかし，実際にそうした「養魚用」の溜め池では，放流密度や給餌などの管理が充分に行われておらず，事実上は池への無秩序な種苗の放流にとどまっており，実態としては「養殖」とは言い難い．さらにそうした自称「養殖」にも，ナイルティラピアなどの外来種が多く用いられている．こうした養魚用の施設としては管理の不十分な溜め池に放流されている外来種が，雨季の高水時や収獲時の池干しの際に外部に逃げ出している可能性は高く，現状の広汎な外来種の散逸・定着の大きな要因の１つとなっていると言ってもよいだろう．

こうした現況から，我々はラオスの在来魚類を用いつつ人為的な給餌量をなるべく低減する方向性で，さらにその他の管理（池提上のネット設置等による養魚の漏出防止など）を最低限にとどめながら，溜め池養魚の生産ポテンシャルを検討してきた（図6）．具体的には，対象種として，前項の水田養魚にも用いているキノボリウオ，ジャワゴイの２種に加え，雑食性の在来魚であるパンガシウス科（Pangasiidae）ナマズのカイヤン *Pangasianodon hypophthalmus* を用いて（図7），人工飼料を与えない粗放的な養殖における生産性を検証することとした．

試験に用いた溜め池は面積約 1,500m^2 であり（平均水深約 1.2m），ここに上記

図6　ラオス南部の某村で我々が養魚試験を
行った溜め池（a），および溜め池に設置した給餌台（b）

図7　溜め池養魚での有望対象種カイヤン
Pangasianodon hypophthalmus（パンガシウス科）

3種の種苗を3,700尾（キノボリウオ1,200尾，ジャワゴイ2,300尾，カイヤン200尾）を放流するいわゆる混合養殖試験を行った（養魚期間は234日）．その結果，各種のBGIは，キノボリウオで約43，ジャワゴイで約70，カイヤンで約72と，人工飼料をほとんど与えなかったにも関わらず，水田養魚よりもはるかに高い生産性が得られることが明らかとなった（図8）．この溜め池では，定期的に鶏糞による施肥を行い池内の天然餌料の発生を促すとともに，断続的に米粕《こめかす》を補助的な飼料として与えたものであり，雑食性であるジャワゴイとカイヤンに関しては厳密には無給餌養殖とは言えない．しかし，肉食性であるキノボリウオには米粕は飼料とはならないので，この種については粗放的な無給餌養殖と言っても差し支えないだろう．

この試験により，溜め池養魚の方が水田養魚よりも長期の飼育が可能であることに加え，適切な施肥管理を行うことで池内の天然餌料の発生が水田よりも

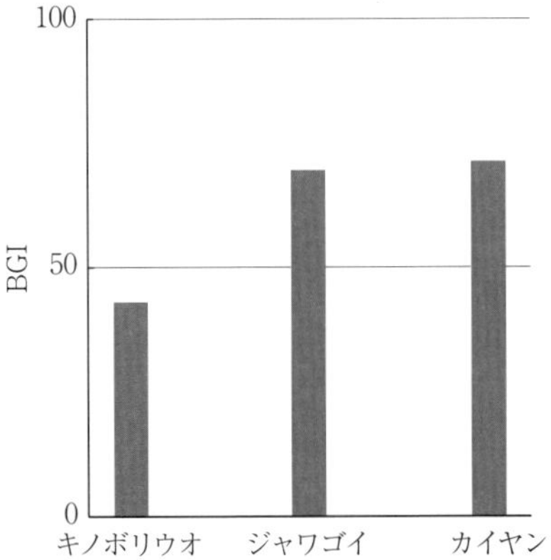

図8　溜め池でのキノボリウオ，ジャワゴイ，カイヤンのBGI（養魚期間234日）

相対的に多いことが示唆された．つまり，水田では，稲の発育後期（8月から9月頃）には田面のほとんどが成長した稲穂により遮光されるので，水田内の藻類の光合成が阻害されて天然餌料発生の妨げとなる．また，養魚期間も水稲の栽培期間（貯水期間）である4-5か月程度に制限される（最長で150日程度）．こうした条件は養魚の成長の制限要因となる．一方溜め池では，ここで示した試験のように概ね8か月程度の養魚期間が見込めるとともに，開放水面であるために藻類の光合成が阻害されることなく活発に行われ，水田と比べると天然餌料の継続的な発生が期待できる．このことが，溜め池養魚の生産性が水田養魚と比べて高水準であった要因と考えられる．

上記の試験での養魚生産量はトータルで約150kg（／1,500m^2）であったことから，人工飼料に頼らなくとも年間で約1t／haの養魚生産が見込めることとなる．ラオスにおける溜め池の面積は水田面積とは違って詳細に把握されてはいないものの，仮に溜め池の面積が水田面積（全国で約700,000haと推定）（MAF 2014）の約5%（約35,000ha）と仮定すると，年間でおよそ35,000tの生産が見込めることとなる．これをラオスの国民1人当たりに換算すると，年間約4.8kgの魚類供給量の上積みが見込めることとなり，前項の水田養魚による上積み（約2.3kg）を加えると，7.1kgの供給増が期待できることとなる．これが実現できれば，ラオス政府が指針としている動物性タンパク質生産量の増加に貢献し，ひいては国内の高い小児の発育阻害率（第Ⅱ章参照）の低減にも資することができると考えている．

参考文献

Chapman G, Fernando CH (1994) The diets and related aspects of feeding of Nile tilapia (*Oreochromis niloticus* L.) and common carp (*Cyprinus carpio* L.) in lowland rice fields in northeast Thailand. Aquaculture 123:281-307

増崎智咲（2014）ラオス：静かなる高成長国の挑戦．海外投融資 2014年11月号：12-15

Ministry of Agriculture and Forestry (2014) Agriculture statistic 2014. Ministry of Agriculture, Vientiane.

Vongvichith B, Morioka S, Kawamura K, Mori, A (2018) Factors influencing fish productivities of rice paddy aquaculture: a case study in Vientiane Province, Central

Laos. JARQ 52:359-366

Vromant N, Duong LT, Ollevier F (2002) Effect of fish on the yield and yield components of rice in integrated concurrent rice-fish systems. J Agricul Sci 138:63-71

第Ⅶ章　魚粉に代わる新たな養魚飼料材
ーアメリカミズアブの幼虫ー

森岡伸介・杉田　毅・Bounsong Vongvichith

魚類やエビ類などの甲殻類を養殖する際に用いる飼料には，多くの場合ペルー産のアンチョベータ（カタクチイワシ科の *Engraulis ringens*）などを原料とする魚粉（フィッシュミール）が主な動物性タンパク質源として用いられている．しかし近年，中国やインドなどの経済新興国における魚類やエビなどの甲殻類の養殖が急速に発展している．その結果，以前は世界の養殖生産量は漁業生産量よりも大幅に少なかったが，近年は漁業生産量に急速に迫りつつある（図1）．必然的に養殖用の飼料の需要が急増し，そのため主材料である魚粉の国際価格は上昇傾向にある(FAO 2016)．また，それにともない魚粉の原料となるアンチョ

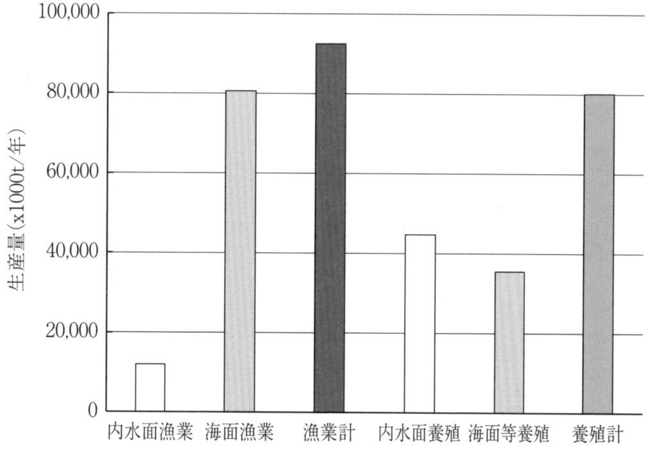

図1　世界の漁業および養殖生産量（FAO 2017）（魚介類のみ，藻類は除く）

ベータをはじめとした魚種への漁獲圧が高まり，人間の食料にもなりうる漁業資源が養魚飼料材として使う目的で過剰な漁獲にさらされ，圧迫を受けるという皮肉な現象も報告されている（Tveterås and Tveterås 2010; Troell et al. 2014; FAO 2016）.

こうした状況を改善するため，さらに今後の魚類養殖の維持・発展のためには，魚粉に代わる飼料タンパク質源の開発が世界中で強く求められている．また，一般的な牛や豚などの畜産飼料として魚粉が使われることはほぼないので(ニワトリなど家禽では含有率は低いものの一定程度使用されるケースはあるが)，今後の魚粉資源の保全・持続的利用および代替的なタンパク質源の開発の責をより多く負うべきは魚類・甲殻類などの水産物の養殖業界と言っても良いだろう．こうした背景からこれまでに，ダイズやトウモロコシなどに由来する植物性タンパク質（Samocha et al. 2004; Cheng et al. 2010 など），あるいはチキンミール（ニワトリの可食部を除いた後のいわゆる鶏ガラ）や昆虫の幼虫が魚粉に代わる養魚飼料中の代替タンパク質源として着目され（Wang et al. 2006; Ido et al. 2015; Sugita et al. 2020 など），その有効性が検証されてきた．これらの代替タンパク質源の中で，近年大きな注目を集めているのがアメリカミズアブ（*Hermetia illucens*）という双翔目《そうしもく》*の昆虫の幼虫である（Magalhães et al. 2017）（図 2）．この昆虫はもともと北アメリカ大陸熱帯・亜熱帯域が原産の昆虫で（Marshall et al. 2015），人間の大陸間移動の増加に伴い生息域を拡大し，今では熱帯・亜熱帯域だけではなく日本を含む温帯域の国や地域にその分布を広げている．この虫は，幼虫の体長が最大で 15mm 以上と，同じ双翅目のイエバエ（*Musca domestica*）などの幼虫と比べてはるかに大型であることに加え，大量培養が比較的簡易であることから，すで

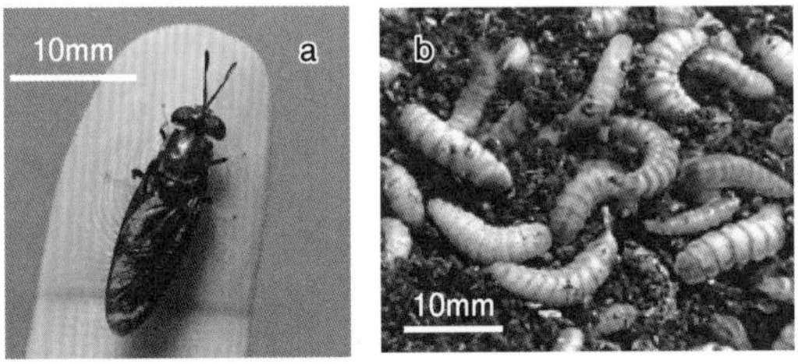

図 2　アメリカミズアブの成虫（a）と幼虫（b）

*昆虫類の分類群の 1 つで，ハエ目とも称されるガガンボ，ハエ，アブ，ブユなどを含む

に欧州や北米で工業的な生産が行われており，家畜・養魚飼料としての活用が進みつつある．しかし，魚粉ほどの大量供給が実現されていないことから，現時点では魚粉よりも高価で，今のところ主要な飼料材とはなり得ておらず，いわば補完的な飼料材として位置づけられている．

Ⅶ-１　アメリカミズアブ幼虫の養魚飼料材としての研究例

上記のように養魚飼料材として注目を集めているアメリカミズアブ（以下ミズアブ）の幼虫については，これまでに様々な魚種でその飼料タンパク質源としての有効性が検証されてきた．しかし，魚種によってはミズアブを飼料材として使うことで魚粉よりも成長指標が劣る例も観察され，このことが，魚粉代替材として定着するには至っていない理由の１つと思われる．例えばイシビラメ（*Scophthalmus maximus*）やニジマス（*Oncorhynchus mykiss*）にミズアブ幼虫を与えた場合，一般的な魚粉飼料よりも FCR（Feed Conversion Ratio，増肉計数*＝与えた餌の量／養魚の体重増加量）や成長率が悪い例が報告されている（St-Hilaire et al. 2008; Kroeckel et al. 2012）．またヨーロッパスズキ（*Dicentrarchus labrax*）では PER（Protein Efficiency Ratio，タンパク質効率**＝養魚の体重増加量／摂取したタンパク質量）が魚粉飼料よりも劣るという結果も示されている（Magalhães et al. 2017）．この現象について St-Hilaire et al.（2007）は，ミズアブの幼虫や前蛹《ぜんよう》***が有するキチン質****が，魚種によっては消化・吸収されづらいために，FCR や PER といった成長指標の低下につながったものと推察している．

その一方で，ミズアブ幼虫が飼料材として魚粉と同等，あるいはより優れた成長効果を示す事例も示されている．例えばアメリカナマズ（*Ictalurus punctatus*）やブルーティラピア（*Oreochromis aureus*）では，ミズアブ飼料の方が魚粉飼料よりも成長が優れる現象が見られ（Bondari and Sheppard 1981），またコウライギギ（*Pelteobagrus fulvidraco*，現在の学名は *Tachysurus fulvidraco*）（Xiao et

---

* 魚体 1kg の体重増に必要な餌の量
** 摂取タンパク質 1g 当たりの体重増加量
*** 幼虫が蛹になる直前の発育ステージで，表皮が黒化し硬さを増した状態
**** 昆虫類などの外骨格に含まれるムコ多糖

al. 2018）やナイルティラピア（*Oreochromis niloticus*）（Kurniawan et al. 2018）でもPER や PR*（Protein Retention, タンパク質蓄積率＝魚体のタンパク質増加量／摂取したタンパク質量）が魚粉飼料よりも優れるという結果が示されている.

上記で示した魚種を見てみると，ミズアブ幼虫を飼料材とした場合，淡水魚で概ね良好な飼料効果を発揮する傾向があるのに対し，海水魚ではネガティブな報告が多いようである．このことは，淡水魚と海水魚が普段から摂る機会の多い餌の種類に関連しているのかもしれない．先に述べたキチン質は昆虫の外骨格に豊富に含まれる多糖類成分であるが，海水魚は餌として昆虫に接する機会はほとんどない．一方で，淡水魚にとって昆虫類は非常に身近な餌であり，魚種によっては必須の餌生物である．このため，海水魚の多くはキチン質の分解能力を有さず，ミズアブを餌として有効に消化・吸収することが困難なのに対し，淡水魚はそもそもキチナーゼなどの酵素によるキチン質分解能力を有している可能性が示唆される.

いずれにせよ，ミズアブ幼虫は総体的には養魚飼料のタンパク質源として有効であることは疑いがないものの，対象となる魚種ごとの有効性の検証が必要となるだろう．また，必ずしも魚粉を 100% ミズアブで置換するのではなく，一部のみを置換した場合（例えば 50%）の効果なども検証するべきだろう.

Ⅶ-２　ラオスにおける養魚飼料の実情とミズアブ幼虫の養魚飼料活用

ここでラオスに目を転じてみると，同国内には現時点では養魚飼料の製造企業が存在しないために，飼料の調達を全面的に輸入に依存しているのが現状である．しかし，未だに後発開発途上国であり経済的に低水準にある同国では，輸入飼料の価格は相対的に高いものとなるため，これを用いて国内で養魚を行うことは容易でなく，養魚の広域普及の障害の１つとなっている（第Ⅱ章参照）．また，こうした輸入飼料は，長期保存による酸化などの品質劣化の問題が生じやすく，また，そもそも動物性タンパク質をあまり含まない低品質の飼料が輸

---

* 摂取した飼料に含まれるタンパク質が魚体に蓄積される率

入されているケースもよく見られる．しかし上述した通り，欧州や北米で既に工業的に培養され販売されているミズアブ幼虫の価格は魚粉よりも高値ではあるものの（Sheppard et al. 2007），ラオスでは農家の裏庭などで鶏糞などの家畜糞を用いてミズアブの成虫を誘引・産卵に導き，孵化した幼虫には果物カスを餌として与えることで，簡易に培養することが可能である．この場合のミズアブ幼虫の製造コストは，輸入された養魚飼料よりも安価であり，農村部における自給を目的とした小規模な養魚であれば，十分に餌としての必要量を，安価かつ簡易に確保することができるのである．また，ラオスのような亜熱帯地域では季節的な多寡はあるものの，ほぼ周年にわたりミズアブの成虫誘引および幼虫の確保が可能であるため（Nakamura et al. 2016）（図3），長期間の養魚にも対応することが可能である．

上記の背景から我々は，ラオスの在来魚類についてミズアブ幼虫の飼料タンパク質源としての有効性を検証してきた．ここでは，同国の在来種の代表的な一種であるキノボリウオ（*Anabas testudineus*，図4）について，ミズアブ幼虫の

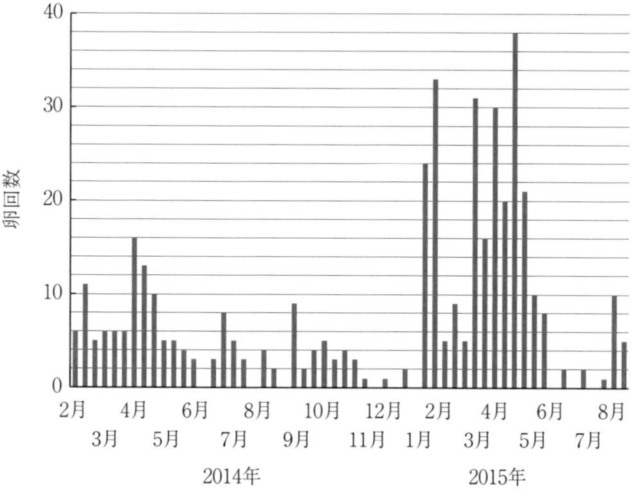

図3　ラオスにおけるミズアブ成虫の誘引により採取した卵塊数の季節変動

［Nakamura et al.（2016）より引用・改変］

飼料タンパク源としての効果について概説することとする．

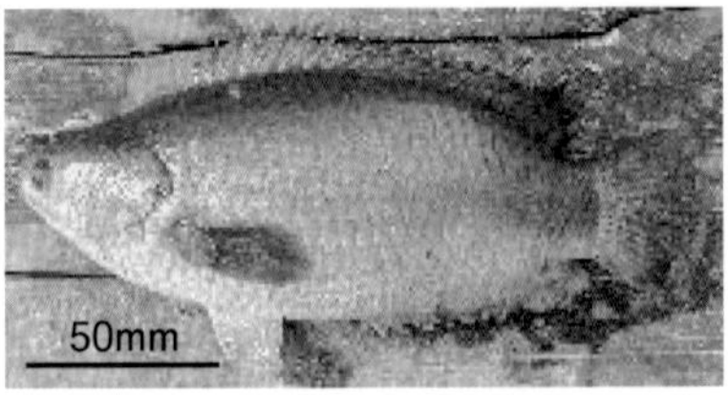

図 4　キノボリウオの成魚
（体長約 160mm）

ミズアブ幼虫のタンパク質含量は31.7-47.6％であり，一般的な魚粉のタンパク質含量（60-70％）よりも総じて低く，なおかつ大きくばらつく傾向がある（St-Hilaire et al. 2007; Kroeckel et al. 2012; Barroso et al. 2014; Wang and Shelomi 2017; Xiao et al. 2018）．このタンパク質含量のばらつきは，幼虫を飼育する際の餌の質に起因するものと考えられている．ミズアブの幼虫は，家畜糞や雑草堆肥，あるいは果実残渣など，非常に広範囲の餌で肥育することが可能であり，この餌の違いにより，幼虫の有するタンパク質含量は大きく変動するのである．

我々はこれらの情報を前提に，魚粉のみを動物性タンパク質源として調製した飼料（T1，粗タンパク質 32.5％），魚粉とミズアブ幼虫をほぼ等量混合した飼料（T2，同 30.0％），およびミズアブ幼虫のみを動物性タンパク質源とした飼料（T3，同 25.0％）を調製し（表 1），それぞれの飼料でのキノボリウオの成長についての検証を試みた．

図 5 は，上記の 3 種の飼料でキノボリウオを飼育した際の各飼料区の全長と体重の増加傾向を表したもので（成長曲線はいずれも Gompertz 成長モデルで近似），飼料 T3 の試験区では，飼料のタンパク質含量が T1 および T2 飼料よりも低いにもかかわらず，平均全長と体重の双方で有意な差がないという結果が見られ

表 1　試験飼料 T1-T3 の一般栄養成分（％乾重量）
[Vongvichith et al.（2020）より抜粋・改変]

飼料成分	T1	T2	T3
粗タンパク質	32.5	30.0	25.0
粗脂肪	6.7	7.6	8.9
粗灰分	11.1	9.5	7.3
粗炭水化物	22.8	28.0	27.7

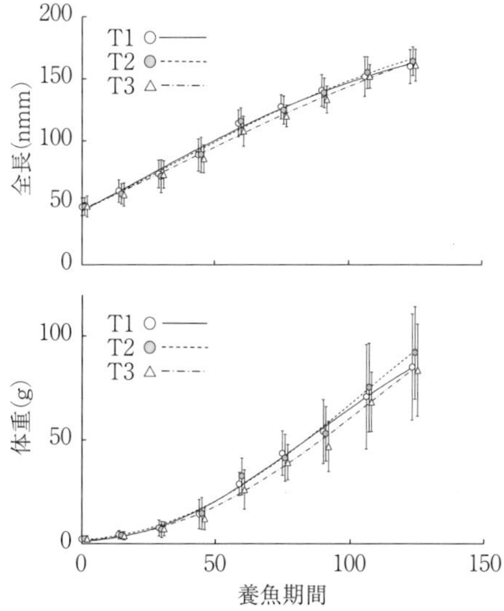

図 5　飼料 T1，T2 および T3 でキノボリウオを飼育した際の
体長および体重の増加傾向（養魚期間 123 日）

［Vongvichith et al.（2020）より引用・改変］

た．また，生残率（収獲尾数／放流尾数× 100％）や増肉計数（総重量の増分／総給餌量）でも，飼料区の間に有意差は認められないという結果が得られた（表 2）．

その一方で，餌から魚体にどの程度タンパク質が同化されたかを示す指標（タンパク質効率や同蓄積率）を見てみると，双方の指標でミズアブのみで調製された T3 飼料区において，タンパク質の同化性が有意に高いという結果が示されたのである（表 3）．

この結果は，キノボリウオにとってミズアブ幼虫は，魚粉よりも有効にタンパク質を取り込むことのできる飼料材ということを示すものである．つまり，ミズアブ幼虫を飼料に混ぜ込むことで飼料全体のタンパク質含量をある程度減らすことができるということを意味する．したがって，飼料の魚粉依存度を低めることが可能となり，小規模な養魚生産であれば農家が自らミズアブ幼虫を生産することで，魚粉を用いた飼料を使うよりも簡易・安価にキノボリウオの

表2　飼料 T1，T2 および -T3 でキノボリウオを飼育した際の
全長，体重，生残率および増肉計数（養魚期間 123 日）

	飼料 T1	飼料 T2	飼料 T3
開始時全長（TL, mm）		46.3 ± 7.42	
収獲時全長（TL, mm）	159.9 ± 13.61	164.1 ± 11.67	160.9 ± 12.80
開始時体重（g）		2.2 ± 1.20	
収獲時体重（g）	85.1 ± 25.50	92.0 ± 22.33	83.5 ± 22.18
生残率（%）	82.2 ± 2.02	81.7 ± 9.12	81.7 ± 2.89
増肉計数	3.4 ± 0.15	3.2 ± 0.43	3.2 ± 0.12

数値は全て平均 ± 標準偏差［Vongvichith et al.（2020）より抜粋・改変］

表3　試験開始時及び T1-T3 飼料で飼育されたキノボリウオのタンパク質効率と蓄積率

タンパク質同化指標	T1	T2	T3
タンパク質効率（PER）	0.9 ± 0.1a	1.1 ± 0.1a	1.3 ± 0.1b
タンパク質蓄積率（PR）	16.4 ± 0.7a	18.8 ± 2.3a,b	21.9 ± 0.8b

数値は全て平均 ± 標準偏差，異なるアルファベットは試験区間に有意差があることを示す（Tukey HSD test, $p < 0.05$）［Vongvichith et al.（2020）より引用・改変］．

養魚を行うことができる可能性が示されたのである．

先の項で述べたように，いくつかの魚種ではミズアブ幼虫を飼料材として用いると，成長率や増肉計数にネガティブな影響を及ぼす例が報告されており（イシビラメ，ニジマス，ヨーロッパスズキなど），昆虫の持つキチン質の分解能に劣ることがその理由として挙げられているが，天然水域でのキノボリウオは昆虫食性を持つことが知られており（Perera et al. 2013），キチン質の消化能力をそもそも有している可能性が高い．

ここでミズアブ以外の昆虫幼虫に目を転じてみると，同じく双翅目に属するイエバエ（*Musca domestica*）の幼虫を養魚飼料材とした詳細な報告がなされている．例えば Ido et al.（2015）は，マダイ（*Pagrus major*）の飼料材としてイエバエ幼虫を用いると，飼料中の植物由来のタンパク質（大豆粉やコーングルテン内のタンパク質）の消化・同化が促進される可能性があるとし，その結果増肉係数や成長率が向上したものと推察している．本項のキノボリウオの試験でも，我々は大豆粉などの植物性タンパク質を飼料材の一部として用いており，これ

らの同化効率がミズアブ幼虫を混合することで改善された可能性もあるだろう.

これまで示したように，ミズアブやその他の昆虫の幼虫が魚類養殖の飼料材として有効であることを示す報告は数多い．しかし，魚種によってはポジティブな効果が認められないことに加え，消費者側にも昆虫の幼虫を餌として養殖された魚に対して少なからず忌《き》避《ひ》感を覚え，商品として販売しづらいという側面もあるようである．しかし，今後の世界における更なる養殖の需要増とそれに伴う生産量の増加，ひいては飼料タンパク質源である魚粉の需要の急増・価格の高騰を考えると，養魚飼料の魚粉依存度の低減は喫緊の課題であり，昆虫の幼虫の飼料活用はそれに十分に貢献することができるポテンシャルを有していると言えるだろう.

参考文献

Barroso FG, de Haro C, Sánchez-Muros MJ, Venegas E, Martínez-Sánchez A, Pérez-Bañón C (2014) The potential of various insect species for use as food for fish. Aquaculture 422-423:193-201

Bondari K, Sheppard DC (1981) Soldier fly larvae as feed in commercial fish production. Aquaculture 24:103-109

Carter CG, Haule RC (2000) Fishmeal replacement by plant meals in extruded feeds for Atlantic salmon, *Salmo salar* L. Aquaculture 185:299-311

Cheng Z, Ai Q, Mai K, Xu W, Ma H, Li Y, Zhang J (2010) Effects of dietary canola meal on growth performance, digestion and metabolism of Japanese seabass, *Lateolabrax japonicas*. Aquaculture 305:102-108

de Francesco M, Parisi G, Medale F, Lupi P, Kaushik SJ, Poli BM (2004) Effect of long-term feeding with a plant protein mixture based diet on growth and body/fillet quality traits of large rainbow trout (*Oncorhynchus mykiss*). Aquaculture 236:413-429

FAO (2016) The state of world fisheries and aquaculture 2016. Food and Agriculture Organization of the United Nations, Rome. 200p

FAO (2017) Fishery and Aquaculture Statistics. http://www.fao.org/fishery/static/Yearbook/YB2017_USBcard/navigation/index_content_aquaculture_e.htm#SUMMARIES

Fournier V, Huelvan C, Desbruyeres E (2004) Incorporation of a mixture of plant feedstuffs as substitute for fish meal in diets of juvenile turbot (*Psetta maxima*). Aquaculture 236:451-465

Gómez Requeni P, Mingarro M, Calduch Giner JA, Médale F, Martin SAM, Houlihan DF, Kaushik S, Pérez-Sánchez J (2004) Protein growth performance, amino acid utilization and somatotropic axis responsiveness to fish meal replacement by plant protein sources in gilthead sea bream (*Sparus aurata*). Aquaculture 232:493-510

Ido A, Iwai T, Ito K, Ohta T, Mizushige T, Kishida T, Miura C, Miura T (2015) Dietary effects of housefly (*Musca domestica*) (Diptera: Muscidae) pupae on the growth performance and the resistance against bacterial pathogen in red sea bream (*Pagrus major*) (Perciformes: Sparidae). Appl Entomol Zool 50:213-221

Kroeckel S, Harjes AGE, Roth I, Katz H, Wuertz S, Susenbeth A, Schulz C (2012) When a turbot catches a fly: evaluation of a prepupae meal of the black soldier fly (*Hermetia illucens*) as fishmeal substitute—growth performance and chitin degradation in juvenile turbot (*Psetta maxima*). Aquaculture 364:345-352

Kurniawan DR, Arief M, Agustono LM (2018) Effect of maggot (*Hermetia illucens*) flour in commercial feed on protein retention, energy retention, protein content, and fat content in tilapia (*Oreochromis niloticus*). Earth Environ Sci 137:012030. https ://doi.org/10.1088/1755-1315/137/1/01203 0

Magalhães R, Sánchez-López A, Leal RS, Martínez-Llorens S, Oliva- Teles A, Peres H (2017) Black soldier fly (*Hermetia illucens*) pre-pupae meal as a fish meal replacement in diets for European seabass (*Dicentrarchus labrax*). Aquaculture 476:79-85

Marshall SA, Woodley NE, Hauser M (2015) The historical spread of the Black Soldier Fly, *Hermetia illucens* (L.) (Diptera, Stratiomyidae, Hermetiinae), and its establishment in Canada. J Kansas Entomol Soc 146:51-54

Nakamura S, Ichiki RT, Shimoda M, Morioka S (2016) Small-scale rearing of the black soldier fly, *Hermetia illucens* (Diptera: Stratiomyidae), in the laboratory: low-cost and year-round rearing. Appl Entomol Zool 5:161-166

Naylor RL, Hardy RW, Bureau DP, Chiu A, Elliott M, Farrell AP, Forster I, Gatlin DM, Goldburg RJ, Hua K, Nichols PD (2009) Feeding aquaculture in an era of finite resources. Proc Natl Acad Sci 106:15103-15110

農林水産省（2016）世界の漁業・養殖生産．https://www.jfa.maff.go.jp/j/kikaku/wpaper/h29_h/trend/1/t1_2_3_1.html

Perera PACT, Kodithuwakku KAHT, Sundarabarathy TV, Edirisinghe U (2013) Captive breeding of *Anabas testudineus* (climbing perch) under semi-artificial conditions for the mass production of fish seed for conservation and aquaculture. Insight Ecol 2:8-14

Samocha TM, Davis DA, Saoud IP, DeBault K (2004) Substitution of fish meal by co-extruded soybean poultry by-product meal in practical diets for the Pacific white shrimp, *Litopenaeus vannamei*.Aquaculture 231:197-203

Sheppard DC, Newton GL, Burtle G (2007) Black soldier fly prepupae—a compelling alternative to fish meal and fish oil. University of Georgia, Tifton, p 5

St-Hilaire S, Sheppard C, Tombelin JK, Cefas SI, Newton L, Mcguire MA, Mosley

EE, Hardy RY, Sealey W (2007) Fly prepupae as a feedstuff for rainbow trout, *Oncorhynchus mykiss*. J World Aquac Soc 38:59-67

Sugita T, Gavile AB, Sumbing JG (2020) Efficacy of poultry by-product meal as an effective alternative to fish meal in aquaculture feed for milkfish *Chanos chanos*. JARQ 54:277-284

Tacon AGJ, Metian M (2008) Global overview on the use of fish meal and fish oil in industrial compounded aquafeeds: trends and future prospects. Aquaculture 285:146-158

Troell M, Naylor RL, Metian M, Beveridge M, Tyedmers PH, Folke C, Arrow KJ, Barrett S, Crepin AS, Ehrlich PR, Gren A, Kautsky N, Levin SA, Nyborg K, Osterblom H, Polasky S, Scheffer M, Walker BH, Xepapadeas T, de Zeeuw A (2014) Does aquaculture add resilience to the global food system? Proc Natl Acad Sci 111:13257-13263

Tveterås S, Tveterås R (2010) The global competition for wild fish resources between livestock and aquaculture. J Agric Econ 61:381-397

Vongvichith B, Morioka S, Sugita T, Phousavanh N, Phetsanghanh N, Chanthasone P, Pommachan P, Nakamura S (2020) Evaluation of the efficacy of aquaculture feeds for the climbing perch *Anabas testudineus*: replacement of fishmeal by black soldier fly *Hermetia illucens* prepupae. Fish Sci 86:145-151

Wang Y, Guo JL, Bureau DP, Cui ZH (2006) Replacement of fish meal by rendered animal protein ingredients in feeds for cuneate drum (*Nibea miichthioides*). Aquaculture 252:476-483

Wang YS, Shelomi M (2017) Review of black soldier fly (*Hermetia illucens*) as animal feed and human food. Foods 6: 91. doi:10.3390/foods6100091

Xiao X, Jin P, Zheng L, Cai M, Yu Z, Yu J, Zhang J (2018) Effects of black soldier fly (*Hermetia illucens*) larvae meal protein as a fishmeal replacement on the growth and immune index of yellow catfish (*Pelteobagrus fulvidraco*). Aquac Res 49:1569-1577

第Ⅷ章　魚の年齢を推定する－年齢情報の重要性－

森岡伸介・Bounsong Vongvichith

天然の魚の成長を推《お》し測《はか》るために，成長に伴う時間の経過，すなわち年齢や日齢は必要不可欠な情報である．しかし残念ながら，我々人間と違って魚たちは自らの誕生年・誕生日を認識・申告することはできない．したがって，彼らの成長を推定するには年齢や日齢を何らかの方法で推定する必要がある．そこで，魚類生態学や魚類資源学に関わった数多《あまた》の先達《せんだつ》たちは，まず魚の年齢を推定する手法の開発に取り組んできた．ここでは，まず魚類の年齢を推定するためのいくつかの方法について概説し，その上でラオスおよびタイにおける数種の魚類の年齢解析に関する研究事例を紹介することとしたい．

Ⅷ-１　魚体サイズの頻度分布に基づく年級群判別による年齢推定

魚類の年齢を推定する標準的な手法の一つとして，ある個体群の個体サイズ（全長や体長）の頻度分布に基づく方法があげられる．この手法では，体長などのサイズに対する個体数の頻度分布に基づき，それぞれのサイズクラスのグループの年齢を推定することが可能であり，それぞれの年齢のグループのことを年級群と呼ぶ（図1）．この方法は，温帯や亜寒帯のように季節的な高水温期と低水温期の間の水温の変動幅が大きく，それ故に繁殖時期が一年のうちのごく限られた時期である魚種については概ね有効である．一方で熱帯や亜熱帯域では，水温が周年にわたり安定的に高い傾向にあるため，多くの魚種で繁殖期が長期化し，あるいは１年中産卵する魚種も珍しくない．こうした種では，しばしば長期にわたり誕生月の異なる個体が混在するため，年級群の判別が困難，

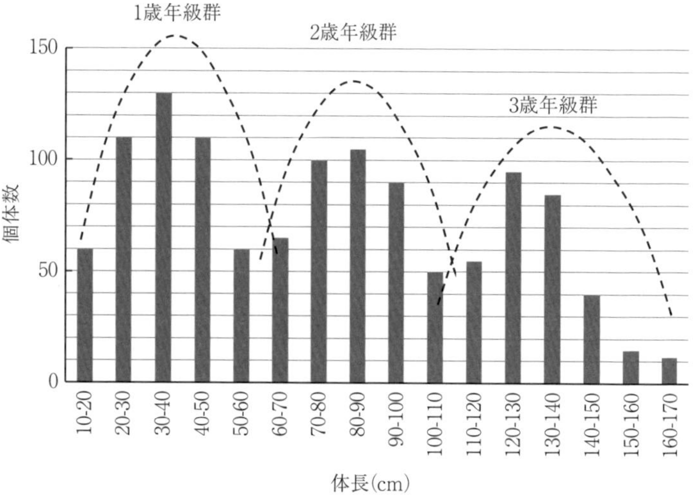

図１　ある魚種の体サイズ（体長）に対する個体数の頻度分布により推定される年級群（この図では1-3歳までの推定）モデル

あるいは不可能である．また，この方法で年齢を推定するには，年間を通じてまんべんなく採取した多数の標本の測定が必要であるとともに，図１を例にとれば，各年級群の間に１歳か２歳のどちらか，あるいは２歳か３歳のどちらなのかが判別しがたい個体が多く出現するケースもよく見られる．

Ⅷ-２　耳石《じせき》をはじめとする硬組織を利用した年齢推定

樹木でよく知られている年輪と似た輪状の構造が，硬骨魚類の硬組織（骨成分からできている硬い組織）に形成されることは多くの魚種で知られている．こうした輪状構造が観察されるのは，主に耳石，背鰭・胸鰭の棘条《きょくじょう》，脊椎《せきつい》骨などであり（図2），これらを用いた魚類の年齢推定は極めて一般的な手法として定着している．また，硬組織ではない鱗にも年輪様の構造が現れることもよく知られているが，筆者らの経験では鱗に形成される年輪は判別が困難なケースが多いことからここでは割愛し，耳石等の硬組織のみに関して以下で述べることとする．

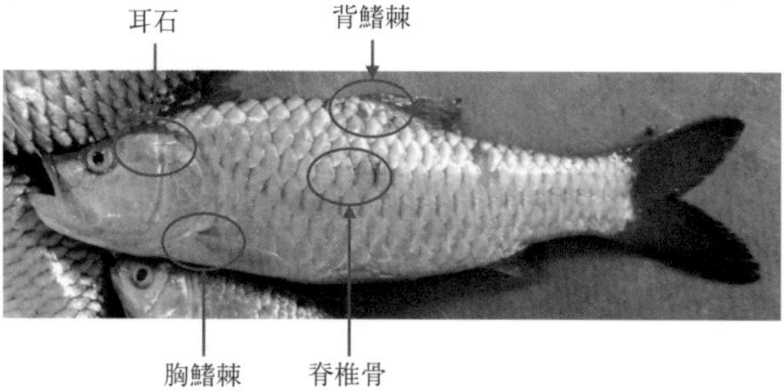

図2　魚類の代表的な年齢形質（写真の魚はコイ科の *Hampala dispar*）

耳石：耳石は，頭の内部の脳の腹側のやや後方に存在する耳胞という空隙《くうげき》内に存在する炭酸カルシウムを主成分とする骨組織である（図3）．耳石はほぼ全ての硬骨魚類に存在し，今では最も一般的に年齢査定に用いられる組織と言ってもよいだろう．耳石には1個体につき3組の異なる形状のものが存在し（計6個），それぞれ扁平石（sagitta），礫石（lapillus），星状石（asteriscus）と称される（図3, 4）．この中で，通常最も大きい扁平石が年齢査定に用いられるが，硬骨魚類の中でも骨鰾《こっぴょう》上目*（Ostariophysi）の魚類（コイ目，ナマズ目等）では，扁平石はごく薄

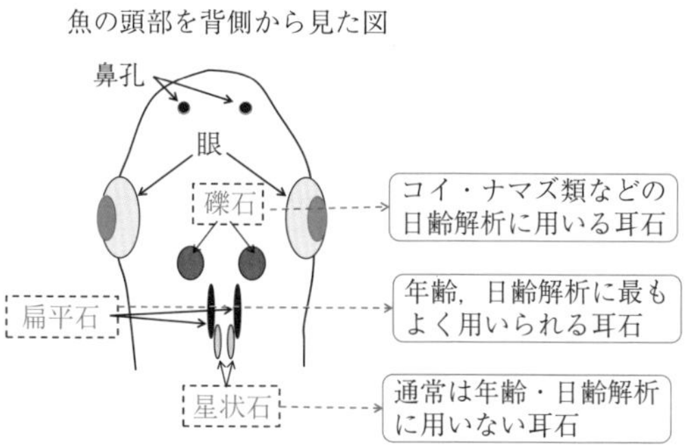

図3　硬骨魚類の頭部の耳胞内に存在する3種の耳石

* コイ目、ナマズ目、カラシン目などの分類群を含む．脊椎骨の前部にウェーバー器官を形成する分類群

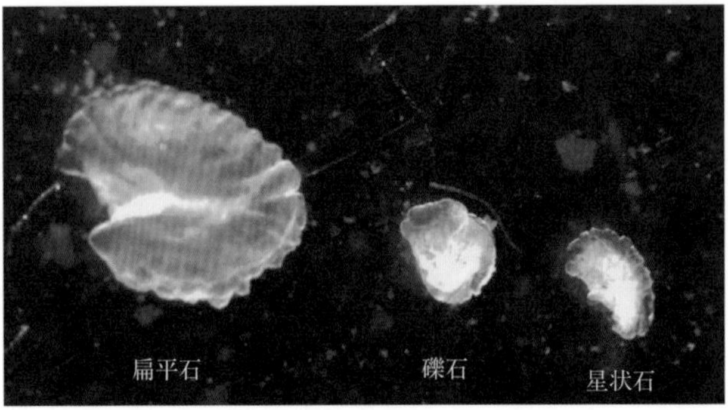

図４　東南アジアのマングローブ汽水域や沿岸域に広汎に生息する
クロホシマンジュウダイ *Scatophagus argus*（クロホシマンジュウダイ科）の耳石３種

く非常に破損しやすい特徴を持つことから耳胞からの摘出やその後の観察が極めて困難であり（Morioka and Matsumoto 2002），この場合は代替的に礫石が用いられる（Gumus et al. 2007）．一方星状石が年齢推定に用いられることはまれであるが，一部の魚類（トビウオ等）では優れた年齢形質を有することが報告されている（Chang et al. 2012）．

耳石の年輪様構造を確認する際には，図５にあるように，特に処理を施さなくとも輪状構造が観察できる種もあるが，魚体の成長に伴い耳石自体が肥厚《ひこう》することで不透明さが増し，耳石の外部からでは年輪が観察できない魚種も数多い．その場合は，耳石を硬質の樹脂（エポキシ等）で包埋・固定し，縦断あるいは横断切片を作成することで，年輪観察が可能となることが多い．

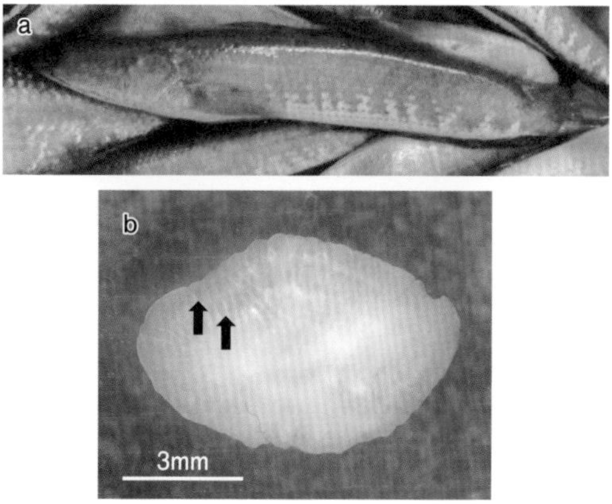

図５　a：タイワンドジョウ科の *Channa striata*（ライギョの近縁種），
b：同種の耳石（扁平石）（矢印で示したように２本の年輪が観察できる）
［Morioka et al.（2016）より抜粋・改変］

背鰭・胸鰭の棘《きょく》条：次に，背鰭や胸鰭の棘条を利用した年齢推定法を見てみよう．棘条とは，魚類によって背鰭や胸鰭に出現するトゲ様の硬組織で（図６），こうした棘条を持たない魚種も多いが，上述のように扁平石が利用できない骨鰾類の魚類，特に多くのコイ・ナマズ類において，安定的に年齢形質が判別できる．この場合，無処理の状態では年輪を観察することはできないが，上述の耳石と同様に，これらを硬質の樹脂内に封入し薄い横断切片を作成することで，年輪様構造を読み取ることができる（図７）．

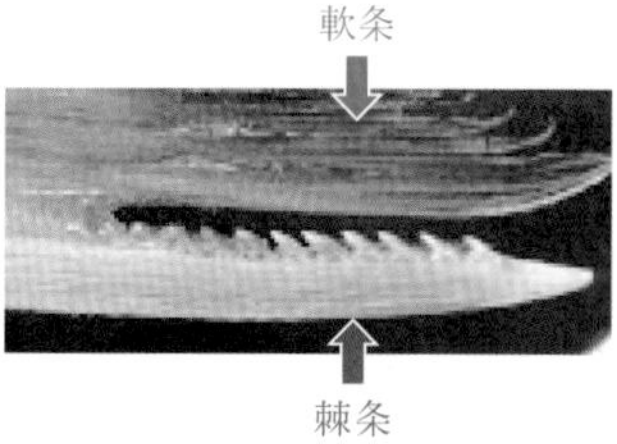

図６　ナマズ類の胸鰭の鰭条．
骨組織からなる棘条および
軟骨組織からなる軟条で構成される

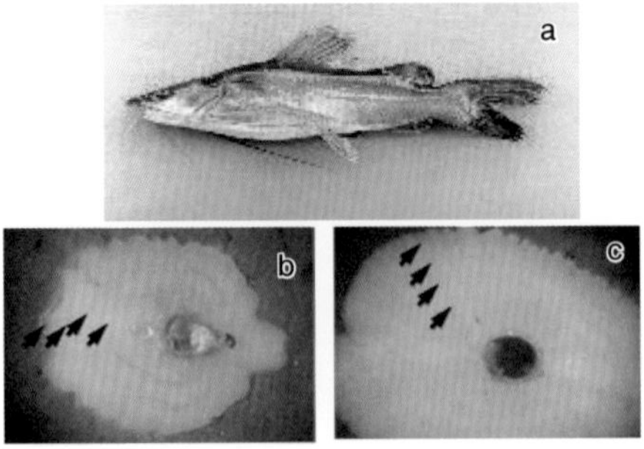

図7　ギギ科の *Hemibagrus nemurus*（a）の胸鰭第一棘条（b）および背鰭第一棘条（c）に見られる年輪構造（4本の年輪が観察できる）

脊椎骨：耳石あるいは鰭の棘条以外に，脊椎骨も年齢査定に用いられることがある．しかし，耳石や棘条に比べて脊椎骨の摘出には手間のかかる解剖が必要であることなどから，硬骨魚類ではあまり年齢査定に用いられることはない．しかし，耳石を持たないサメやエイなどの軟骨魚類の年齢査定にはしばしば用いられる．脊椎骨では，それぞれの椎骨の接合部の表面で年輪構造が観察されるので，必ずしも樹脂封入・切片化する必要はなく，魚種によっては比較的容易に観察することも可能である．図8の写真はメコン川流域の希少種であり，Kottelat（2001）によれば体長2m以上，体重300kg以上に達する超大型種であるメコンオオナマズ（*Pangasianodon gigas*）の脊椎骨の接合部である．図8の脊椎骨標本は体長約2mの個体から採取されたものであるが，この脊椎骨からは9本の年輪様構造を見て取ることができる．つまり，本種は生後わずか9年で体長2mに達するものと推定され（体重はおそらく200kg以上），極めて速く成長する魚種と言えるだろう．

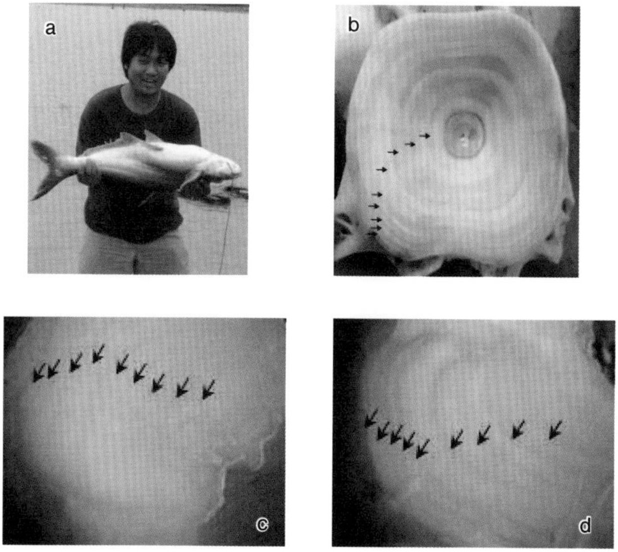

図8　パンガシウス科のメコンオオナマズ（*Pangasianodon gigas*）
（a）の脊椎骨（b），胸鰭第一棘（c）および背鰭第一棘（d）に見られる
年輪構造（9本の年輪が観察できる）．写真aの個体は体長70cm前後もの，
脊椎骨，胸鰭／背鰭第一棘は体長約2mの大型個体から採取されたもの

Ⅷ-3　耳石年輪を利用した成長モデルの推定－資源管理への適用－

耳石や鰭の棘条あるいは脊椎骨などで観察される輪状構造は，不透明帯と透明帯が繰り返し出現することで形成されることが多くの魚種で知られている（図9）．一般的に耳石の透明帯は低水温期（低成長期），不透明帯は高成長期（高水温期）に形成されることが知られており，この輪状構造が年1回の周期で形成されること（年周性）が確認できれば，これを年輪として活用することができるが，そのためには透明帯・不透明帯の形成時期とその出現頻度を確認する必要がある．この確認作業には，縁辺解析（marginal analysis）という手法が一般的に用いられる．この方法では，1年間にわたり各月に採集された個体の耳石の縁辺透明帯の幅が耳石半径に占める率を測定し，その変動により透明帯出現の周期性を推定するものである．

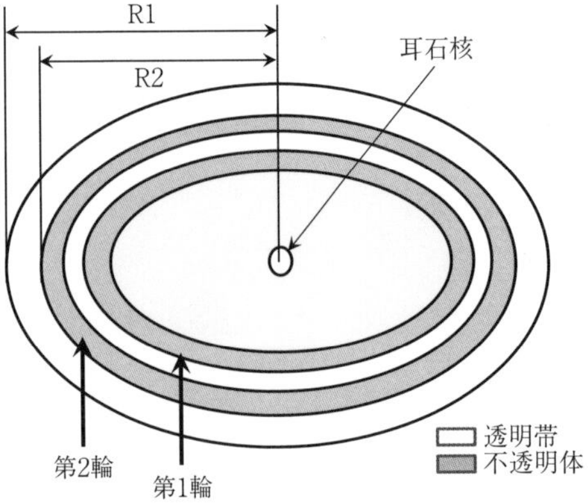

R1：核から耳石縁辺までの距離　　R2：核から縁辺透明帯の内縁までの距離

図 9　耳石などの硬組織における透明帯・不透明体構造と縁辺透明帯の出現頻度推定のための計測部位

図 10 はラオス産のタイワンドジョウ科の *Channa striata*（ライギョの近縁種で現地名でパ・コーと呼ばれる；図 4）の耳石内の輪状構造の縁辺解析の結果で，ここでは耳石縁辺部の透明帯の幅の割合が高水温期である 3-6 月にかけて大きく低下していることから，年に一度この時期に不透明帯が形成されることが示されている．つまり，不透明帯・透明帯の連続構造は年に一度形成されることがわかり，耳石の輪状構造は年輪として年齢査定に用いることができると判断されるのである．

この *C. striata* では，耳石年輪により推定された各個体の年齢と体長の関係から，下記のような成長式（ここでは von Bertalanffy 成長モデルを適用）を推定することができる（図 11）．

メス：$Lt = 31.0\ (1\text{-}\exp(-0.44t))$（$R^2 = 0.95,\ n = 264$）

オス：$Lt = 34.5\ (1\text{-}\exp(-0.37t))$（$R^2 = 0.94,\ n = 250$）

（Lt：理論的最大全長，t：年齢）

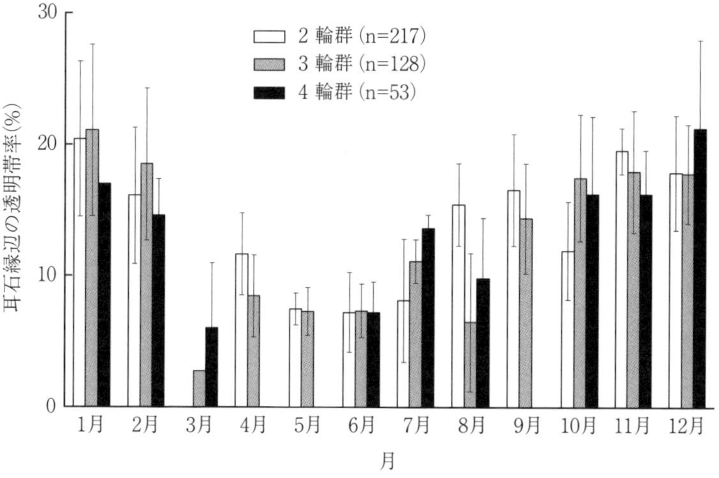

図10　タイワンドジョウ科の *Channa striata* の耳石（扁平石）の
縁辺透明帯の月ごとの幅が耳石半径に対して占める率

［Morioka et al.（2016）より抜粋・改変］

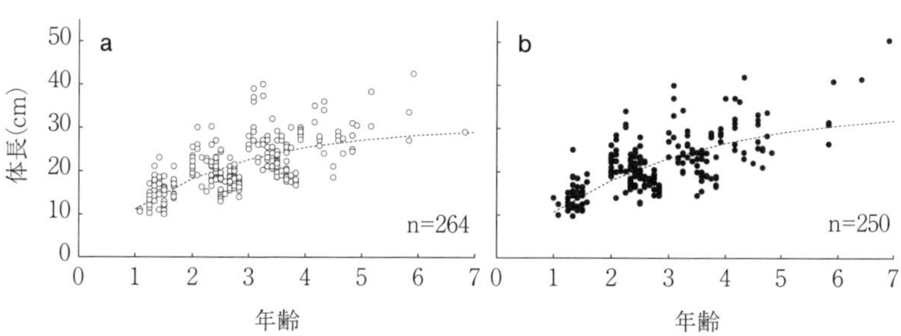

図11　タイワンドジョウ科の *Channa striata* の成長モデル（a：メス，b：オス）

［Morioka et al.（2016）より抜粋・改変］

こうした成長モデルを得た後は，体長のみを測定することで年齢を推定することが可能となるため，その後の年齢推定は煩雑《はんざつ》な耳石の摘出・観察の労を省くことができる．しかし，対象魚種の生息域内に大きな環境の変化，例えば水温の激変や餌条件の変容につながる生息地の大幅な環境変化，もしくは資源量の増減などが生じた場合には，対象種の成長速度が変わる可能性もあるため，定期的な年齢－サイズ関係の確認を通じた成長モデルの修正・更新が必要である．また，同種内であっても生息域の異なる別の個体群では，それぞれの環境下（水温や餌の量・質の違い）で成長パターンが異なる可能性もあるため，成長モデルは個体群ごとに推定した方が良い．

さらに採集個体の性成熟の指標となる「生殖腺重量指数（GSI＝卵巣もしくは精巣の重量／体重×100）」の測定を月ごとに行うことで，繁殖時期を推定することができる（図12）．この図からは，メスのGSIが4月に最も高く，その後6月まで高水準であることから，本種の繁殖期は現地の高水温期である4-6月であるものと推定できる．また，GSIの測定を行うことにより，本種の最小成熟サイズは体長約20cmであることが明らかとなり，上記の成長モデルを適用すると，初回成熟年齢は1歳以上と推定できる．このように，年齢の把握を通じて様々な生態的情報の解釈が可能となり，ひいては乱獲等で資源水準の低下が懸念されている種では，効率的な漁業規制案の提案も可能になる．例えばこの *C. striata* で言えば，繁殖期（4-6月）に体長20cm以上の個体（特にメス）の漁獲を制限することで本種の資源管理に資することができるだろう．

また，乱獲，とりわけ高齢・大型個体を選択的に大量に漁獲することにより小型・若齢で成熟する遺伝形質を持つ個体の割合が高くなり，個体群全体とし

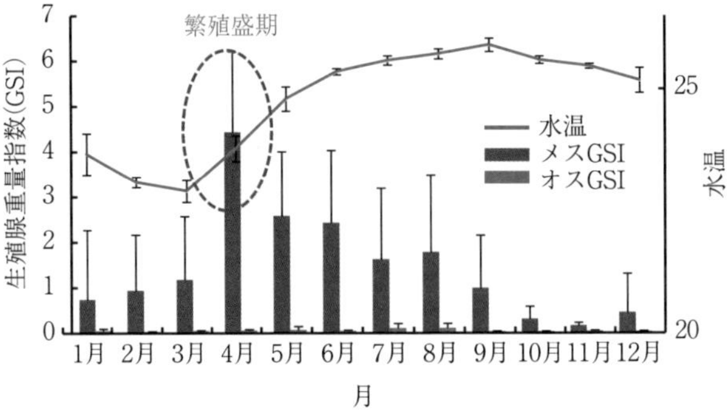

図12　タイワンドジョウ科の *Channa striata* 雌雄の生殖腺重量指数（GSI）と水温の季節変化

［Morioka et al.（2016）より抜粋・改変］

てサイズの小型化・早熟化が進むことがある（勝川・渡邊 2010）．このような懸念がある魚種の個体群については，定期的に成長モデルや繁殖サイズを見直すとともに，小型化・早期成熟の傾向が明らかとなった時点で，成熟年齢・サイズや繁殖期といった基礎的情報を検討した上で，実効性のある資源管理施策の実施が必要となるだろう．

Ⅷ-4　魚は何歳まで生きられる？

本項はあくまで余談であるが，ここでは魚類の寿命について少し触れてみたい．世界中に生息する魚類の種数については，諸説あるもののこれまで知られているだけで硬骨魚類と軟骨魚類*を合わせておよそ30,000種の魚類が存在するとされている．その中で最長の寿命を持つ魚はどんな魚で，また何歳くらいまで生きるか想像できるだろうか？

一般的に大型の軟骨魚類であるサメ類は長命であることが知られているが，なかでも水深200-600mという中深海から深海に分布するサメの一種で，全長が最大で7m以上になるオンデンザメ科（Somniosidae）のニシオンデンザメ（*Somniosus microcephalus*）の年齢・寿命について，驚くべき論文が2016年に発表された．その論文曰く，にわかには信じがたい数字であるが，この魚種の寿命は400歳を超え，最長で500歳以上の個体もいるというのである（Nielsen et al. 2016）．先にも述べたが，サメやエイ類では耳石等の硬組織が存在せず，またこのニシオンデンザメについては，あまりに長命であるため脊椎骨の年輪を用いても正確な年齢推定が困難であった．そこで眼球の中の水晶体を用いて「放射性炭素年代測定**」を試みたところ，上記の信じがたい年齢が推定されたのである．年齢500歳超と言えば，当の個体が生まれたのは日本でいうところの戦国時代の真っただ中にあたり，その頃に生まれた魚が人知れず真っ暗な深海で遊弋《ゆうよく》している様《さま》を想像すると，ある種のロマンを感じざるを得ない．その一

---

* 硬骨魚は炭酸カルシウムを主成分とする硬い骨（硬骨）を持ついわゆる一般的な魚，一方軟骨魚類はサメやエイに代表される硬骨を持たずコラーゲン等を主成分とする軟骨のみを有する魚類のこと
** 炭素同位体の半減期を利用した年代（年齢）推定法

方で，正直なところ「ホントかな」という疑問も脳裏に浮かんでくるが，どうやら信ずるに足る情報のようである．ちなみに魚以外では，アイスランドガイ（*Arctica islandica*）という二枚貝の一種において，上記のニシオンデンザメと同様に「放射性炭素年代測定」を用いた年齢査定の結果，最長で507歳の個体がいたことが報告されており（Munro and Blier 2012），これは現在までに知られている動物の中では最も長命であったものとされている．

ここでより馴《な》染《じ》みの深い硬骨魚類に目を転じてみると，上記のニシオンデンザメやアイスランドガイほどではないが，キンメダイ目ヒウチダイ科（Trachichthyidae）のオレンジラフィ（*Hoplostethus atlanticus*）という魚も信じがたいほどの長命である．本種については以前から耳石の年輪をもとに数十年の寿命があると考えられてはいたが，耳石の年輪はその数が増すにつれて耳石の縁辺に近づくほど幅が狭くなるため正確な本数の確認が難しい．そのため本種の最長年齢が過小評価されている可能性が以前より指摘されていた．その後，「放射年代測定法*」によりさらに詳細な年齢が推定されることとなり，今では100歳超（最長で149歳と推定）の長命魚であることがほぼ判明している（Fenton et al. 1991; Tingley and Dunn 2018）．上記のニシオンデンザメと同様に，このオレンジラフィも水深200m以深の中深海・深海を生息域としており，こうした環境下では水温が安定的に3-5℃と低いため，生物の新陳代謝の速度も鈍化し成長が極めて遅くなる傾向がある．したがって性成熟までにも長い時間が必要で，オレンジラフィが初回性成熟サイズ（体長約30-40cm）に達する年齢は30歳を超えるとされている（Tingley and Dunn 2018）．前出のニシオンデンザメに至ってはさらに極端に性成熟が遅く，なんと150歳前後で初めて性成熟を迎えるとの報告もなされている（Nielsen et al. 2016）．こうした性成熟までに長い時間が必要な種では，一度乱獲状態，つまり個体数の少ない状態に陥ると，その回復にも極めて長い期間が必要とされる．事実，上記の2種については深刻な資源水準の低下が報告されており，ニシオンデンザメに至っては現在では絶滅危惧種とされている．

---

*原子核崩壊による核種変化，または放射線による損傷を利用した年齢の推定法

参考文献

Chang C-W, Lin C-H, Chen Y-S, Chen M-H, Chang S-K (2012) Age validation, growth estimation and cohort dynamics of the bony flying fish *Hirundichthys oxycephalus* off eastern Taiwan. Aquat Biol 15:251-260

Fenton GE, Short SA, Ritz DA (1991) Age determination of orange roughy *Hoplostethus atlanticus* (Pisces: Trachicthyidae) using ^{210}Pb:^{226}Ra disequilibra. Marine Biology 109:197-202

Gumus A, Bostanci D, Yilmaz S, Polat N (2007) Age determination of *Scardinius erythrophthalmus* (Cyprinidae) inhabiting Bafra Fish Lakes (Samsun, Turkey) based on otolith readings and marginal increment analysis. Cybium 31:59-66

勝川木綿，渡邊良朗（2010）選択的漁獲による生活史の進化．水産海洋研究 74:84-89

Kottelat M (2001) Fishes of Laos. WHT Publications Ltd, Colombo, Sri Lanka. 198 p

Morioka S, Matsumoto S (2002) Otolith development and daily Increment formation in African catfish *Clarias gariepinus* (Burchell, 1815) (Pisces: Clariidae) larvae and juveniles. Aquacul Sci 50:279-284

Morioka S, Vongvichith B, Chanthasone P, Phommachane P, Suzuki N (2016) Reproductive season, age estimation and growth in a striped snakehead *Channa striata* population in Nasaythong District, Vientiane Province, Central Laos. 水産増殖 64:183-191

Munro D, Blier PU (2012) The extreme longevity of *Arctica islandica* is associated with increased peroxidation resistance in mitochondrial membranes. Aging Cell 11:845-855

Nielsen J, Hedeholm RB, Heinemeier J, Bushnell PG, Christiansen JS, Olsen J, Bronk C, Ramsey, Brill RW, Simon M, Steffensen KF, Steffensen JF (2016) Eye lens radiocarbon reveals centuries of longevity in the Greenland shark (*Somniosus microcephalus*). Science 353:702-704

Tingley G, Dunn M (2018) Global review of orange roughy (*Hoplostethus atlanticus*), their fisheries, biology and management. FAO Fisheries and Aquaculture Technical Paper 622, 120pp

第Ⅸ章　魚の日齢
−生まれた年だけでなく誕生日も推定できる−

森岡伸介・Bounsong Vongvichith

第Ⅷ章で，耳石等の硬組織を用いた魚類の年齢を推定する方法について概説したが，同じく耳石内に形成されるもっと細かな輪紋を数えることで，魚の誕生日（卵から孵化した日）を推定することもできる．この細かな輪紋は日周輪《にっしゅうりん》と称され，米国のエール大学のGiorgio Pannella博士によって1971年に初めてその存在が報告されたもので（Pannella 1971），耳石やその他の形質を用いた年齢査定法と比較するとその歴史は浅い．しかし，この日周輪の存在が確認されて以降，極端に言えば世界中の魚類生態や水産資源研究者の耳目《じもく》を集めたと言っても過言ではなく，様々な魚種において耳石日周輪の研究が各国の研究機関で爆発的に広まった．耳石日周輪の存在が発見され実用化される以前は，魚類の生態や水産資源の動態を研究する上で，仔稚魚ステージあるいは1歳未満の若齢魚の成長等を解析することは極めて困難で，人工的に卵から飼育した個体の成長や発育に基づいて，天然の個体の発育ステージや大まかな孵化後の期間を類推することぐらいしかできなかった．ところがこの日周輪の大発見以降は，それぞれの個体の誕生日（孵化日）と孵化後日数（日齢）をかなり正確に推定することができるようになり，仔稚魚の精緻な成長モデル（日齢とサイズとの経時的な関係）の推定が可能となったのである．さらに，標本の採集地点および海流あるいは河川流データなどを総合的に解析することで，今まで分からなかった産卵場所などの推定にも極めて有用であることが多くの魚種で示されている（Tanabe et al. 2001など）．

本章では，耳石日周輪を用いた日齢の推定法を以下に概説するとともに，この手法により筆者らが行ってきた研究例のいくつかを紹介することとしたい．

Ⅸ-1　耳石による日齢の推定

第Ⅷ章で述べたように，耳石には扁平石・礫《れき》石・星状石の３組（計６個）があり，年齢推定と同様に日齢推定についてもこの３種の耳石の中で最も大きな扁平石が用いられることが多い．しかし，扁平石は魚種によっては成長に伴い形状が複雑化し日周輪観察が難しいケースがある．あるいはナマズ目やコイ目などの骨鰾《こっぴょう》類では，多くの場合で扁平石は非常に脆弱《ぜいじゃく》な薄片状であり，摘出・観察に堪えないほど構造的にもろいケースもまま見られる．さらに扁平石には多くの偽日輪《ぎにちりん》（1日に複数本形成される輪状構造）が出現するケースも珍しくないことから（図1），日周輪解析に適さない魚種も少なくない．その場合は，年齢解析と同様に，扁平石よりも小さいが三次元的な形状の複雑化があまり見られず，また偽日輪の出現も比較的少ない礫石を代替的に利用することとなる（Morioka and Machinandiarena 2001 など）（図2）．一方星状石は，礫石より大きいケースが多く摘出も比較的容易である．しかし，扁平石・礫石が孵化前から形成され，

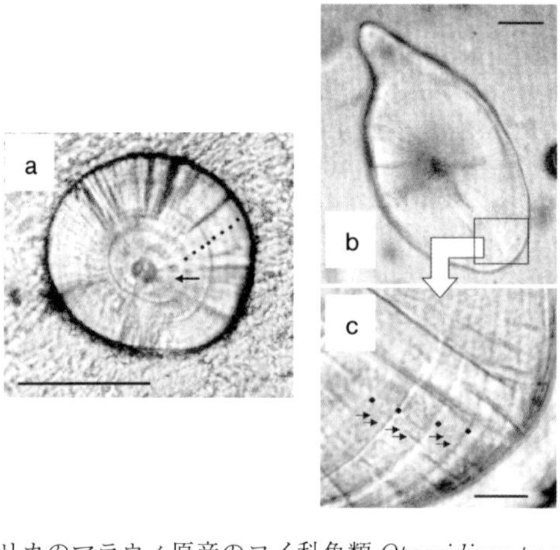

図1　アフリカのマラウィ原産のコイ科魚類 *Opsaridium tweddleorum* の礫石（a）および扁平石（b および c）．扁平石には多くの偽日輪が形成される

［Morioka and Matsumoto (2007) より抜粋・改変］．図 c 中黒丸は日周輪，矢印は偽日輪

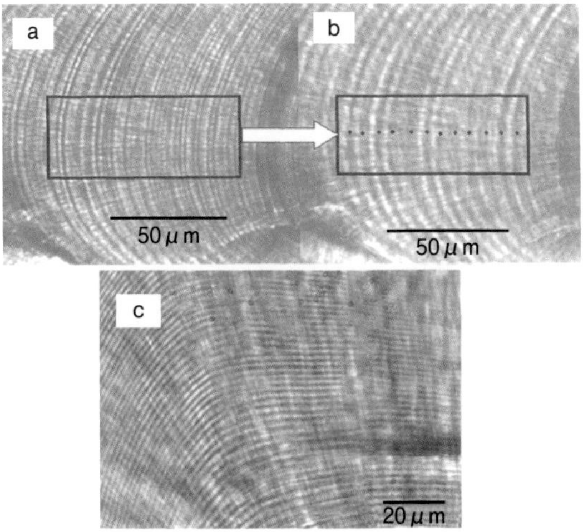

図２　アルゼンチン産のアシロ科魚類 *Genypterus blacodes* の扁平石の
偽日輪（a）と日周輪（黒丸）（b），および礫石の日周輪（c）．
図 a は偽日輪に焦点を合わせたもの，b は日輪に焦点を合わせたもの．
図１と同様，扁平石には多くの偽日輪が形成されるが（a），礫石では偽日輪は少ない（c）
［Morioka and Machinandiarena（2001）より抜粋・改変］

ほぼ孵化後の日数に等しい数の輪紋が形成されるのに対し，星状石は孵化後一定の期間を経た後に形成されるケースがあり，孵化後日数よりも少ない輪紋数となることがままあるので，正確な孵化後日数の推定に適さないことが多い（Morioka and Matsumoto 2002; Morioka and Kaunda 2003）．

可能であれば年輪と同様に，日輪についても１日に１輪形成される（日周性）かどうかを検証したほうが良い．卵からの人工飼育が可能な魚種であれば，孵化後日数と輪紋数の関係を見ることで日周性の検証が容易であるが（図３），孵化仔魚からの人工的な飼育ができない魚種では別の手法を適用することとなる．このためによく使われる手法としては，オキシテトラサイクリン（OTC）やアリザリンコンプレクソン（ALC）による，生きた魚の耳石の蛍光染色法があげられる．この場合，野外で採集した対象種を水槽内に収容した後，これらの薬品を飼育水に溶かして，一定時間（通常は数時間）飼育することで生体の耳石に蛍光染色を施す．その後一定期間飼育したのちに耳石を摘出し，染色後の日数とその間の耳石の成長部分に形成された輪紋数を観察することで，輪紋の日周性を検証することができるのである（図4）．この方法では，ごく短時間で大量の個体に対して，染色という形でのマーキングが可能であるため，耳石輪紋の日周性の検証以外にも，漁業上重要な魚類の放流種苗の放流後の成長等を

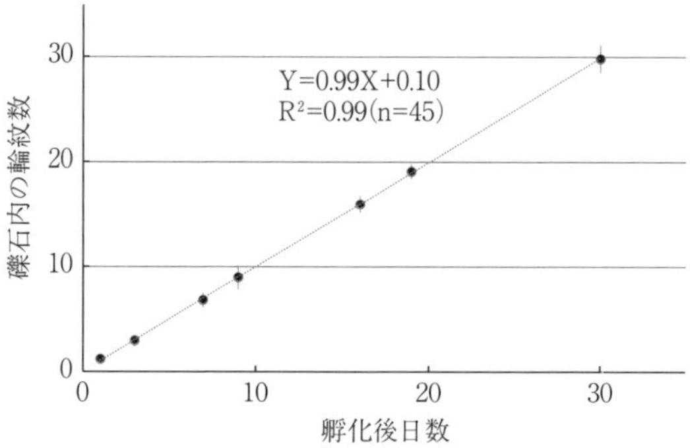

図3　ラオス産キノボリウオ科のキノボリウオ（*Anabas testudineus*）
仔稚魚の耳石（礫石）の輪紋数と孵化後日数との関係．
輪紋数と孵化後日数がほぼ一致することから，本種では耳石輪紋は日周輪と判断される
［Morioka（2009）より抜粋・改変］

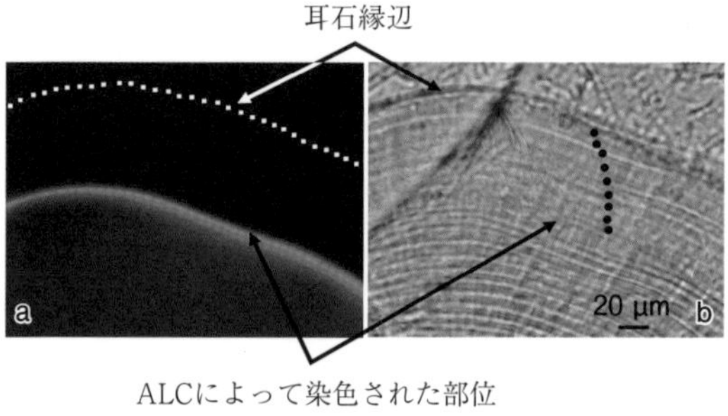

図4　ラオス産タカサゴイシモチ科グラスパーチ（*Parambassis siamensis*）の
耳石（扁平石）をALCで染色し，9日後に摘出したもの（a：蛍光下での画像，
b：通常光下での画像）．染色部より外側に9本の輪紋が観察できることから，
本種の耳石輪紋は日周輪と判断できる
［Okutsu et al.（2011）より抜粋・改変］

把握する際に用いられる標識再捕のツールとしても極めて有効な手法である.

Ⅸ-2　ちょっとマニアックな話−日齢解析が可能になって初めて明らかとなった小型短命魚の寿命と生態−

少々マニアックな話題となるが，本項ではごく小型で，しかも性成熟に至るまでの期間（日数）が極めて短く，しかも短命である魚種（小型短命魚類）について触れてみたい. こうした小型短命魚類は食用魚類として扱われることはあまりなく，一部に観賞魚として流通している魚種を除くと，水産学的には重要な漁業・養殖の対象種とは言えない. しかし，これら小型短命魚の繁殖や寿命に関する研究は，熱帯・亜熱帯域のメコン川流域などに見られる極めて多様な魚類相の発達の要因，すなわち進化に伴う魚類の種分化の観点から，非常に興味深いものと考えられている.

このような短命小型魚種は，メコン川流域では分類群によらず数多く存在する. 例えばラオスで代表的な短命小型魚としては，ごく浅い湖沼に出現するバンブルビーゴビー（*Brachygobius mekongensis*）というハゼ科（Gobiidae）の魚が挙げられる（図5）. この魚は，成魚であっても最大体長が14mm以下と非常に小さい種であり，本種の体長11mmを超えたメスは季節を問わず成熟卵を持つようになる（図6）.

この魚種の成長や寿命を調査する目的で耳石日周輪の観察を行ったところ，扁平石・礫石ともに明瞭な日周輪が観察された（図7）. さらに日周輪計数にもとづく日齢推定を行ったところ，この種の寿命が非常に短いことがわかってき

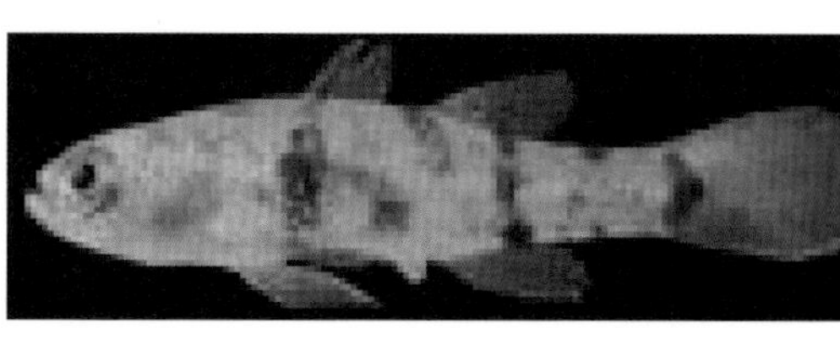

図5　ラオスをはじめインドシナ半島に広く分布するハゼ科の小型魚バンブルビーゴビー *Brachygobius mekongensis* の成魚（体長約13mm）

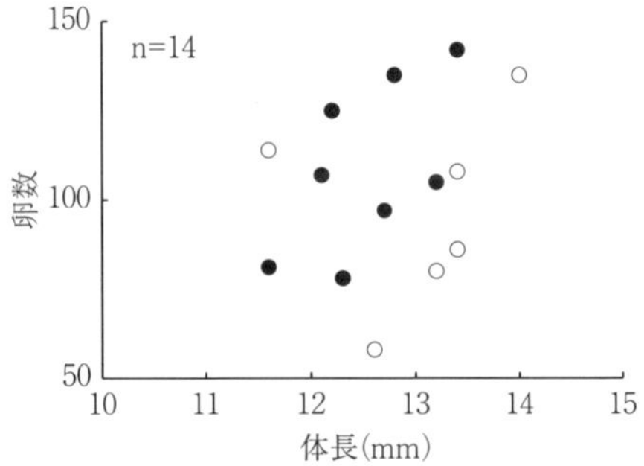

図6　バンブルビーゴビー *Brachygobius mekongensis* の成熟メスの孕卵《ようらん》数
○：高水温期，●：低水温期
［Morioka and Sano（2009）より抜粋・改変］

た．図8は雨季（高水温期）の間に採集された個体と乾季（低水温期）の間に採集された個体の成長を比較したものであるが，成長の早い高水温期に観察された最長日齢が46日，成長の遅い低水温期の最長日齢が78日という結果が示された（Morioka and Sano 2009）．加えて，高水温期にはメスが生後わずか30日強で性成熟することも明らかとなり，また低水温期であっても生後約50日で性成熟するという結果も得られた．すなわち，この種は年間で少なく見積もっても7回程度の世代交代が生じ得るという特異な生活史を持ち，また観察された最長日齢を寿命と仮定

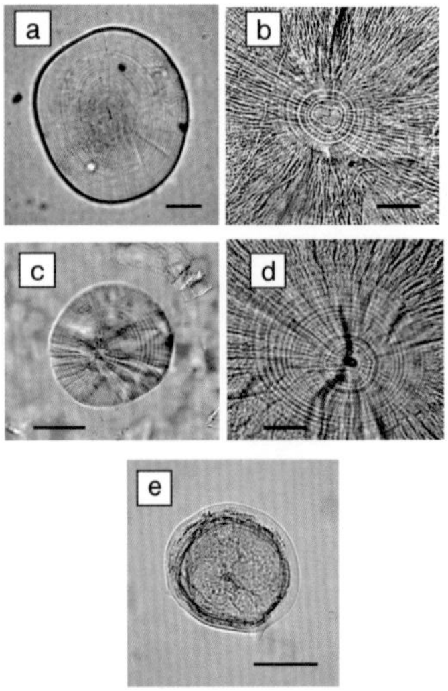

図7　バンブルビーゴビー *Brachygobius mekongensis* の耳石各種
a：扁平石，b：扁平石核部，c：礫石，
d：礫石核部，e：星状石
［Morioka and Sano（2009）より抜粋・改変］

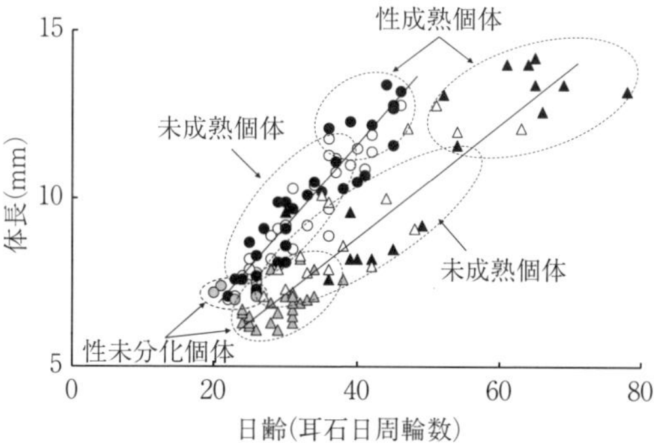

図8　バンブルビーゴビー *Brachygobius mekongensis* の季節別成長
●：高水温期のメス，○：高水温期のオス，▲：低水温期メス，
△：低水温期オス．高水温期の個体の方が成長が早く寿命は短い

［Morioka and Sano (2009) より抜粋・改変］

すれば，生後わずか50-80日で生涯を終えるという非常に短い生活史を持つものと推察されたのである（Morioka and Sano 2009）.

この魚のように極端に寿命が短く，また世代交代の早い小型魚類はこれまでに数例報告されており（表1），例えば熱帯・亜熱帯のサンゴ礁に生息するハゼ科の *Eviota sigillata* では，寿命は60日未満，性成熟に至るまでが孵化後30日強と，上述の *B. mekongensis* と同程度の非常に短い生活史（寿命）が報告されている（Depczynski and Bellwood 2005）．また沖縄や東南アジアなどの亜熱帯域の海水・汽水域に生息するハゼ科の *Paedogobius kimurai* では寿命が約60日であり，性成熟日齢が最短で約42日と，これも上述の *B. mekongensis* の生活史に近い．さらにハゼ亜目の *Schindleria* sp.（シラスウオ科 Schindleriidae）では，寿命がおよそ37日で性成熟日齢が23日と，上記の数種よりももっと短い生活史であることが報告されている（Kon and Yoshino 2002）．この魚の23日という短い性成熟日齢を考えると，先の *B. mekongensis*（性成熟日齢が30-50日）よりもさらに頻繁に，おそらく年間で10数回の世代交代が生じているものと推定されている（Kon and Yoshino 2002）．また短命という点では，現在知られている限りでは，脊椎動物の中でも上記の *Schindleria* sp. が最も短い生涯を持つ生物

表1　これまでに報告されている小型短命魚類の例

魚種	性成熟日齢	推定寿命	体長
ハゼ科（Gobiidae）			
Paedogobius kimurai [1]	約 42 日	約 60 日	< 18 mm
Eviota sigillata [2]	約 30 日	約 60 日	< 30 mm
Brachygobius mekongensis [3]	約 35 日	40-80 日	< 14 mm
シラスウオ科 Schindleriidae			
Schindleria sp. [1]	約 23 日	約 37 日	< 35 mm
ノトブランキウス科（Nothobranchiidae）			
Nothobranchius kadleci [4]	17 日	約 70 日	< 65 mm
Nothobranchius furzeri [4]	18 日	約 70 日	< 65 mm
コイ科（Cyprinidae）			
Paedocypris progenetica [5]	?	?	＜8 mm

1 Kon and Yoshino（2002），2 Depczynski and Bellwood（2005），3 Morioka and Sano（2009），4 Blažek et al.（2013），5 Kottelat et al.（2006）

種と言えるようである．さらに，インドネシアで発見されたコイ科（Cyprinidae）の *Paedocypris progenetica* という魚類では，耳石日輪が観察されていないので寿命や性成熟日齢は明らかにされていないものの，性成熟個体のサイズが体長 8mm 弱と極めて小さく，またこの種は幼形成熟（neoteny）*することが報告されている（Kottelat et al. 2006）．現時点では，この種は地球上のあらゆる脊椎動物の中で，最も小さなサイズで性成熟する生物とされており（Kottelat et al. 2006）**，短寿命である可能性も極めて高いと推測される．このようなごく小さいサイズで成体となり性成熟する魚類は miniature fish（超小型魚類）とも称される（Weitzman and Vari 1988）．

上記の各種ほど寿命が短い種ではないものの，アフリカに分布するカダヤシ目ノトブランキウス科（Nothobranchiidae）の *Nothobranchius kadleci* と *N. furzeri* では，孵化した後わずか 17-18 日で性成熟に達するという報告がある

---

* 性的に完全に成熟した個体でありながら生殖器官以外に未成熟で幼生や幼体の性質が残る現象のこと．

** パプアニューギニアで発見された *Paedophryne amauensis* という超小型カエルは，吻－総排泄口長（口先から肛門までの長さ）が 7.7mm で成熟するとされ、この種が最も小型で性成熟する種という説もある．

(Blažek et al. 2013)．この2種の寿命は70日程度とされているが，孵化後わずか17-18日で性成熟に達するという点では，少なくとも上記各種よりも初回成熟は著しく早い．

こうした短命あるいは早期成熟といった特徴を持つ魚種は，高緯度の冷水域よりも，低緯度の熱帯・亜熱帯域に数多く存在する．こうした熱帯・亜熱帯の内水面では，高成長や早期成熟を促す恒常的かつ安定的に高い水温条件がある一方で，雨季と乾季が繰り返されるなど大きな環境的な変動もしばしば生じ，特に乾季の大きな水位の低下は大型魚にとっては生息が難しい．このような環境では，低水位等に対応ができる体サイズの変化，すなわち小型化が進化の一方向であったとの説がある（Kottelat et al. 2005)．また，大幅な水位変化といった環境変動は，生息域の分断・狭小化（孤立化）をもたらすことがあり（例えば熱帯・亜熱帯森林域における泥炭湿地内の小さな水塊など）(Kottelat et al. 2005)，こうした水塊の中に長期にわたって分布し生き残ってきた種が，進化の過程を経て小型化・早期成熟の方向に向かったものと推察されている（Kon and Yoshino 2002; Kottelat et al. 2005; Morioka and Sano 2009; Britz et al. 2011 など)．さらに，こうした小型化やそれに伴う短命化・早期成熟化は，種分化につながる突然変異の頻度を増す可能性が高いことから（Marzluff and Dial 1991)，魚類のみならず多くの生物種において，熱帯や亜熱帯域における非常に豊かな種の多様性を生み出した要因の一つとも考えられているのである．

参考文献

Blažek R, Polačik M, Reichard M (2013) Rapid growth, early maturation and short generation time in African annual fishes. 4:24 (http://www.evodevojournal.com/content/4/1/24)

Britz R, Kottelat M, Hui TH (2011) Fangfangia spinocleithralis, a new genus and species of miniature cyprinid fish from the peat swamp forests of Borneo (Teleostei: Cyprinidae). Ichthyol Explor Freshwaters 22:327-335

Depczynski M, Bellwood DR (2005) Shortest recorded vertebrate lifespan found in a coral reef fish. Current Biology 15:288-289

Kon T, Yoshino T (2002) Extremely early maturity found in Okinawan gobioid fishes.

Ichthyol Res 49:224-228

Kottelat M, Britz R, Hui TH, Witte K-E (2006) *Paedocypris*, a new genus of Southeast Asian cyprinid fish with a remarkable sexual dimorphism, comprises the world's smallest vertebrate. Proc R Soc B 273:895-899

Marzluff JM, Dial KP (1991) Life history correlates of taxonomic diversity. Ecology 72: 428-439

Morioka S (2009) Otolith daily increment formation and preliminary growth analysis in the 0 year-old climbing perch *Anabas testudineus* (Bloch, 1792) (Pisces: Anabantidae). 水産増殖 57:463-468

Morioka S, Kaunda E (2003) Preliminary examination on lapillus utility for otolith increment analysis in Malawian cyprinid *Engraulicypris sardella*. Ichthyol Res 50:284-287

Morioka S, Machinandiarena L (2001) Comparison of daily increment formation pattern between sagittae and lapilli of ling (*Genypterus blacodes*) larvae and juveniles collected off Argentina. NZ J Mar Freshwater Res 35:111-119

Morioka S, Matsumoto S (2002) Otolith development and daily increment formation in African catfish *Clarias gariepinus* (Burchell, 1815) (Pisces: Clariidae) larvae and juveniles. 水産増殖 50:279-284

Morioka S, Matsumoto S (2007) Otolith development and daily increment formation in larvae of the Kabyabya, a Malawian cyprinid, *Opsaridium tweddleorum*. Ichthyol Res 54:44-48

Morioka S, Sano K (2009) Growth and maturation of the bumble-bee goby *Brachygobius mekongensis* (Perciformes: Gobiidae) occurring in the Mekong basin, in Vientiane Province, Central Laos. Ichthyol Explor Freshwaters 20:267-275

Morioka S, Okutsu T, Vongvichith B, Phommachan P, Chanthasone P (2012) Growth and reproduction of early-matured small-sized fishes occurring in Central Laos. pp. 107-114 In: Sustainable Stock Management and Development of Aquaculture Technology Suitable for Southeaset Asia (eds Tanaka T, Morioka S, Watanabe S), JIRCAS, Tsukuba

Okutsu T, Morioka S, Shinji J, Chanthasone P (2011) Growth and reproduction of the glassperch *Parambassis siamensis* (Teleostei: Ambassidae) in Central Laos. Ichthyo Expor Freshwaters 22:97-106

Pannella G (1971) Fish otoliths: daily growth layers and periodical patterns. Science 173: 1124-1127

Rittmeyer EN, Allison A, Gründler MC, Thompson DK, Austin CC (2012) Ecological guild evolution and the discovery of the world's smallest vertebrate. PLoS ONE, Public Library of Science 7. https://journals.plos.org/plosone/article?id=10.1371/journal.pone.0029797

Tanabe T, Ogura M, Takahashi M (2001) Early life ecology of skipjack tuna, *Katsuwonus*

pelamis, based on survey cruise off Palau and Micronesia, 1992-1996. JARQ 35:67-77
Weitzman SH, Vari RP (1988) Miniaturization in South American freshwater fishes; an overview and discussion. Proc Biol Soc Washing 101: 444-465

第X章　ラオスで一番大事な水産資源？
－雑魚《ざこ》の重要性－

森岡伸介・Bounsong Vongvichith

第Ⅸ章で触れた超小型魚類（miniature fish）の一種であるハゼ科のバンブルビーゴビー（*Brachygobius mekogensis*）などでは，その一部は観賞魚としての商業的な価値は有するものの，食用魚としての価値はほぼないと言って良い．しかし，寿命が1年以内の短命魚ではあるもののもう少しサイズが大きく，食用魚として重要な価値を有する魚類，いわゆる「雑魚（ざこ）」がラオスには数多く存在する．「雑魚」というとあまり聞こえは良くないが，英語で「雑魚」はもっと露骨に「trash fish（ゴミのような小魚）」と称されることもあり，より一層「役立たず」であるかのような悪印象を与えることもある．しかしこうした小魚の類《たぐい》は，手網や簡易な釣り具を用いることで，水田・水路などの身近な水塊で簡単に採取できることから，ラオスでは山間農村部における非常に重要な食料源となっている．とりわけ水稲作の盛期である6月から10月の雨季の間は，夕刻に子供たちが水遊びの傍《かたわ》ら水田の脇を流れる水路でこうした「雑魚」を釣ったり，あるいは網ですくったりしている光景がよく見られる．これらは夕餉《ゆうげ》のおかずとして日常的に食べられており，畜肉を摂取する機会が限られた山間農村部での貴重な動物性タンパク質源となっているのである．また，第Ⅱ章で述べたように，ラオスでは日本と同様に小魚の「丸ごと食い」の食習慣が根強く，さらに日本でいうところの魚醤《ぎょしょう》や塩辛のような小魚の発酵物が伝統的な常用食品として根付いている（Pa daek や Pa som noy と呼ばれる）．また，タンパク質源として重要，との理由だけでなく，一般にラオスの人々は魚が大好きであり，特に水辺に暮らす人々に「どんな魚を食べますか？」，「どの魚が好きですか？」

と問うと，ほぼ例外なく「獲れる魚はなんでも食べるよ」という答えが返ってくる［ただし，陸封された河フグ（*Tetraodon* 属）などの毒魚は食べない］．

ことほど左様にこうした「雑魚」はラオス農村部の人々に親しまれている食用魚であるが，商業的に漁師が漁獲し市場で販売されるケースは限られており，多くの場合は農業に活用されている身近な池や水路での小規模な採取活動を通じて自給食料として漁獲されている．こうした小魚の採取には，竿を使った釣り以外にも，四つ手網，引き網，あるいは簡易な罠（筒漁など）などの様々な漁具が用いられる．また，雨季から乾季に移る時期（10 月から 11 月頃）には，雨水によって水の溜まった溜め池の水位が著しく低くなるので，生息している魚たちがそれらの池に残されたごく浅く狭い水面に密集することとなる．そうした際に，かつて日本の農村でもよく行われていた「かいぼり*」によって，そこに生息している様々な小魚を文字通り一網打尽に獲ることができる（図 1）．

こうした「かいぼり」によって採取される魚の種類は多く，優に 10 種を超える魚が小さな池から一度に獲れることも珍しくない（図 2）．中でも特に多くみられるのは，現地でひとくくりにパ・シウ（Pa siew）と呼ばれるコイ

図 1　雨季から乾季に移る時期（11 月頃）にラオスの農村で盛んに行われる「かいぼり」による小魚の採取（ビエンチャン市郊外にて）

---

* 小型の溜め池等の水位が乾季初期に急激に低下する際に行う簡易な漁法

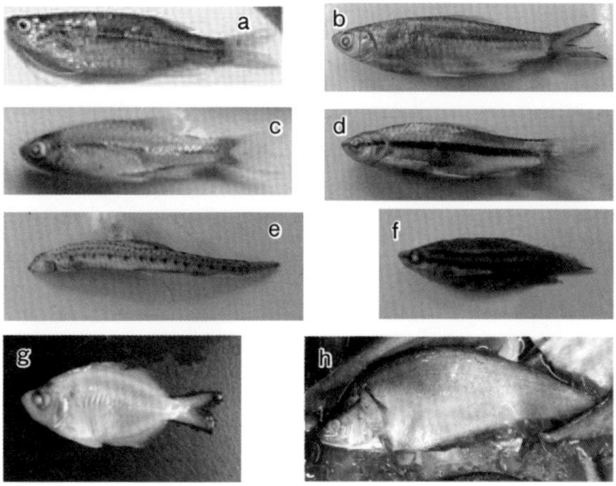

図2　「かいぼり」によって採取される小魚の例
a：コイ科の *Esomus metallicus*，b：*Rasbora aurotaenia*，c：*R. rubrodorsalis*，
d：*R. daniconius*，e：ドジョウ科の *Lepidocephalichthys hasselti*，f：オスフロネムス科の *Trichopsis vittata*，g：タカサゴイシモチ科の *Parambassis siamensis*，
h：ナギナタナマズ科の *Notopterus notopterus*

科（Cyprinidae）の小魚であり，この仲間には *Esomus metallicus* や *Rasbora* 属の小型種（*R. borapetensis* や *R. rubrodorsalis* など）が含まれる．また，ドジョウ科（Cobitidae）やタカサゴイシモチ科（Ambassidae），オスフロネムス科（Osphronemidae）などの小型種も珍しくない．これらの小魚たちは，水田で米作を営む農民たちにとっては極めて身近な魚であり，また雨季初期の増水期や乾季初期の減水期には四手網《よつであみ》やかいぼりによる採取がたやすいことから，住民の栄養を支える食材としてはもっとも重要なタンパク資源の1つと言えるだろう．

以上の背景から筆者らは，これら小魚の資源保全や持続的利用に資する知見を得る目的で，表1に挙げた6種の小型種に関する生態研究をこれまでに実施してきた．本章ではそのうちのコイ科の2種，*Esomus metallicus* と *Rasbora rubrodorsalis* について研究の概要を紹介したい．

表1　筆者らがラオスにおいて生態研究を実施した小型魚類

科	属・種	出典
ハゼ科	*Brachygobius mekogensis*	Morioka and Sano (2009)
タカサゴイシモチ科	*Parambassis siamensis*	Okutsu et al. (2011)
コイ科	*Esomus metallicus*	Morioka et al. (2012)
	Rasbora rubrodorsalis	Morioka et al. (2014)
ニシン科	*Clupeichthys aesarnensis*	Morioka et al. (2019)
オスフロネムス科	*Trichpodus trichopterus*	Morioka et al. (2012)

X-1　飛ぶ魚？－Flying barb と呼ばれる変な小魚－

コイ科は多様な種分化が進んだ分類群で，ラオスにも数多くの種が分布しており，「雑魚」扱いされる小型種の数もまた多い．これらコイ科の小魚の中でラオスにおいて最も身近な魚として親しまれている魚の1つは，先に述べたパ・シウの中の代表的な魚である *Esomus metallicus* と思われる．この魚は下あごに長いひげを持ち，小型のコイ科魚類の中では一風変わった風貌の持ち主であることから容易に識別することができる（図3）．この魚は最大で体長 60mm を超えるとされるが（Baird et al. 1999），一般的にみられるサイズは大きくとも 50mm 程度である．この魚種ではメスの抱卵個体が特に珍重され，腹部を割いて卵巣を露出させ抱卵メスであることを強調したものが市場にずらりと並ぶことも珍しくない．こうした点からは，この種は数多く生息する小魚の中でも比較的商業的な価値の高い種と言えるだろう．この魚は英名で Flying barb と称され，直訳すると「飛ぶコイ科の小魚」という意味になるが，トビウオのように胸鰭を使って滑空することで長い距離を飛翔することはもちろんない．この魚は人影などに敏感で，網などで捕獲を試みると，追われて逃げる際に水面をジャンプしながら移動する．このことから Flying barb という名前が冠されたものと思われる．

図3　代表的なコイ科の小魚
パ・シウの一種 *Esomus metallicus*
（体長 45mm の成魚）

この魚の耳石日周輪（第IX章参照）を観察してみると，最長の日齢でも150日程度であることから，寿命は概ね5か月程度と推定される．つまり本種は周年の繁殖が可能で年間に2-3回の世代交代が生じると考えられる短命魚なのである（Morioka et al. 2012）．しかし，この魚の生態的に非常にユニークな特徴は，小型短命という点だけではなく，その出現場所にある．岩田他（2003）によれば，この魚は雨季に入るとそれまで水の全くなかった斜面や丘陵地の上部に位置する池や水田などの水塊に突如出現し，極端な場合は雨後の水たまりの中にもその姿を見ることができるという．筆者も実際に水たまりの中ではねる本種を目撃しているが，その後，仔魚から成魚に至るまでの生活史をその水塊内で過ごすとされている．そのような水塊には，外部の恒久的水源（常時水のある河川や湖沼）からの水の供給がなく，いったいこの魚はどこから来るのかが，今もって解明されていない謎なのである．一説には，この魚は乾季に入り水位が急速に低下する時期にいわゆる「乾燥耐久卵*」を産卵する可能性があるとされている（岩田他 2003）．「乾燥耐久卵」とは，その名の通り水のない乾燥した土中でも死なずに生き延びる特質を持つ卵であり，乾季を乾燥耐久卵として過ごし，次の雨季に水田等に水がたまると孵化する．魚類において乾燥耐久卵を作る種はこれまでにほとんど知られていないので，もし *E. metallicus* でこのことが証明できれば大きな科学的発見である．そこで筆者らは，乾季の間にビエンチャン郊外のカチカチに固まった水田の底土を大量に実験室に持ち帰り，水を入れて数日間放置してみた．しかし，底土の中で夏眠**していたタニシ類がうようよとはい出てきたのみで，残念ながら魚は全く出現することはなかった．

「乾燥耐久卵」仮説はさておき，*E. metallicus* は特に雨季の間は浅場であれば，ほぼあらゆる水塊に出現すると言っても過言ではない．それゆえに，山間の小さな池や水路などの閉鎖的な水塊に出現する小規模な個体群は，外部の同種の個体群と交わることなく，長期間孤立した個体群を維持している可能性も

---

* 乾季の間の水がない時期に，次の雨季が来るまでに子孫が死滅しないよう産卵される卵．乾燥・高温下でも長期間の生存が可能で，動物プランクトンでは珍しくない

** 乾燥した条件下で体を粘膜で覆い，土の中などで長期間生存すること

ある．本種のラオス中部各地に広域に分布する異なる個体群のマイクロサテライトDNAマーカー*を解析してみると，*E. metallicus*には3つの遺伝的集団が確認された（Koizumi et al. 2012）．各地点の地理的配置や遺伝的集団の構成を今後子細に検討することで，本種の保全や資源の持続的利用の観点において極めて重要な情報を得ることができるだろう．

X－2　小魚の繁殖戦略－季節によって性比が異なるコイ科の小魚－

上記の*Esomus metallicus*と同じくコイ科の小魚で，最大体長が約30mmというごく小さな*Rasbora rubrodorsalis*という種も，インドシナ半島に広く分布する小型種である（図4）．この種は様々なコイ科の小魚の中でもとりわけ小さく，比較的小規模な清流や溜め池等の浅場によく出現する．この魚は先述の*E. metallicus*ほど食料として珍重されることはないが，様々な「雑魚」の漁獲の際に混獲され，パ・ソム・ノイ（Pa som noy**）などの発酵魚食品の材料として用いられることがある．

この魚の寿命もその他の小型種と同様短く，耳石日周輪の解析結果からは約150日程度と推定されており，年間を通じて繁殖し，1年間に少なくとも2-3回の世代交代が生じていると推測されている（Morioka et al. 2014）．我々の調査に用いた本種の標本は，ラオス中部の山間部の溜め池から流れ出る小清流に生息する個体群から採集したものであるが，この個体群ではメスの最大サイズが約30mmであるのに対し，オスは25mm程度と，性によって最大サイズに顕著な差があることが明らかになった．それだけでなく，この種では性比（メスとオスの割合）が著しくメスに偏り，オスはメスよりもその

図4　コイ科の小魚パ・シウの一種
Rasbora rubrodorsalis
（体長約25mmの成魚）

---

*細胞核などのゲノム上に存在する反復配列で，集団遺伝学やDNA鑑定のための遺伝マーカーとして利用されている

**小魚を塩漬け・発酵させた塩辛のようなラオスの伝統食品

数が大幅に少ない現象も確認された（メス：オス＝1：0.43）．しかし，性比と日長（1日のうちで太陽が出ている長さ）の関係を見てみると，3月以降に日長が長くなるにつれて，すなわち水温が上昇するにつれてオスの割合が増加する傾向が見て取れる（図5）．似たような現象はトウゴロウイワシ科（Atherinidae）やカリクティス科（Callichthyidae），あるいはカワスズメ科（Cichlidae）でも報告されており，これらの種でも高水温下ではオスの出現率が高くなるという（Conover and Kynard 1981; Hostache et al. 1995; Baras et al. 2001; 山下・川口 2006）．この *R. rubrodorsalis* では，この時期に抱卵した成熟メス（高い生殖腺重量指数を示すメス）の出現率も高くなることから，高水温期，すなわち仔魚の成長が早く餌となるプランクトンが豊富な時期に繁殖成功率を高め，より多くの子孫を残すための戦略としてオスの割合を増やすといった方向の進化的適応である可能性がある．

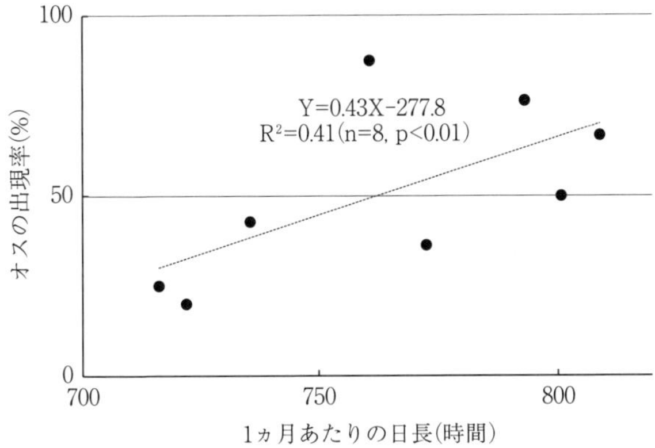

図5　コイ科の *R. rubrodorsalis* の日長変化に伴うオスの出現率の変化

［Morioka et al.（2014）より抜粋・改変］

話はやや脱線するが，海産魚のヒラメ（*Paralichthys olivaceus*）では，同種の適水温である18℃で遺伝的なメス（染色体がXX型）を飼育すると，エストロゲン*というホルモンが分泌され正常に卵巣が形成されるが，27℃という適水温よりも大幅に高い水温で飼育すると，エストロゲンの分泌が抑制されるため，遺伝的にはメスであるにもかかわらず精巣を形成しオス化するという（長濱他 2004）．この現象は，適水温よりも大幅に高い水温下で生じるものであり，いわば「不自然」なオス化現象といえる．昨今の気候変動による地球温暖化の傾向を考え合わせると，水温上昇による「不自然」なオス化現象が天然の水域でその他の魚種にも生じる可能性は否定できず，それによる過度なオスの出現率が生じる可能性や，極端な場合は生殖腺の不妊化の可能性までも指摘されている（山下・川口 2006）．つまり，高水温によるオス出現率の不自然な増加は，資源量の大幅な変動や，ひいては種の絶滅につながる可能性も否定できないのである．

X-3　生物学的な観点からの小魚の重要性－在来の小魚を待ち受ける厳しい未来－

先に述べたように，ラオスにおいて小魚（あるいは雑魚）は，特に地方山間の農村住民の貴重な食料資源となっている．しかし，食料資源としての重要性とは別に生物学的な観点からも，こうした小魚は同所的に生息する魚食性の魚類の餌として，さらに周辺の哺乳類，鳥類などの餌としても極めて重要であり，域内の多様な動物相を支える不可欠な生態系の構成要素とも言えるだろう．しかし，近年のラオスの経済成長に伴う都市部の拡張，あるいは人口増加に伴う農地開発により，こうした小魚の生息域は急速に狭まりつつある．さらには都市部から流出する汚水や農地で用いられる農薬の増加などの影響による水質悪化をはじめとした様々な環境の劣化により，小型魚類の生存には厳しい条件が年々増加していると言える．加えて，優に20種を超える外来種の天然水域における広域的な定着も（Kottelat 2001），ラオスにおける小型魚類の資源保全や

---

*動物のメス化（生殖腺の卵巣化等）を促進するホルモン

種の多様性保全に対する大きな脅威と言えるだろう．こうした現状から，本書であげた数種の小型魚種にとどまらず，さらに他の種についても資源・多様性の保全に資する知見の収集が求められている．しかし残念ながら，2020 年現在，経済成長の真っただ中にあるラオスにおいては，域内の生物多様性保全も政策で謳われてはいるものの，実態としては環境保全よりも経済発展に軸足を置いており，現状では魚類をはじめとする水生生物の資源保全やその多様性に関する関心は決して高いとは言えない．事実上，現在ラオスで水生生物に関する研究を行うことのできる機関は，農林省管轄下の水生生物資源研究所（Living Aquatic Resources Research Center）のみと言っても過言ではなく，その他の研究機関では，国立ラオス大学（National University of Lao）の理学部や農学部畜水産学科，あるいはナイルティラピアやコイなどの外来種の養殖普及を担っている農林省内の畜水産局（Department of Livestock and Fisheries）があげられる程度である．しかも，これら研究機関の活動は，予算不足や人材不足が原因で，国際研究機関や ODA*機関の支援なしに本来業務を遂行することが困難なのが現状であり，また技術者・研究者の人材育成も，政府主導で近年進められつつあるとは言え，まだまだ不十分である．さらに，ラオスは「生物多様性条約(CBD)」の批准国であるにもかかわらず，その重要な構成生物である魚類に関しては驚くほど保全に対する関心が薄いように見受けられる．例えば同国では，仏教的な徳を積む行為であるとされる稚魚の放流会が雨季の初期である 7 月上旬に例年実施されるが，その際に在来種ではなく外来種であるナイルティラピア（*Oreochromis niloticus*）の種苗を大量に放流したこともあるという．この放流会の影響によるものかどうかは定かではないが，今ではビエンチャン市内を流れるメコン川本流でもナイルティラピアが大量に生息しているのを見ることができる．

我が国でもブラックバス（*Micropterus salmoides*）などに代表される侵略的な外来魚類が至る所に跋扈《ばっこ》し，また多摩川はアリゲーターガー（*Atractosteus*

---

*Official Development Assistance の略で，政府開発援助のこと．ある国の政府が他の開発途上国において行っている様々な支援の総称

spatula）やピラニア（*Pygocentrus*属）のような熱帯性の外来種が見つかったことから，南米のアマゾン川に擬《なぞら》えて「タマゾン川」などと揶揄《やゆ》されることもある．魚類以外でも，昨今問題となっているカミツキガメやワニガメなどの危険な外来生物がその生息域を広げつつあり，日本在来の生物相にネガティブな影響を与えるだけでなく，河原で遊んでいたらカミツキガメに噛みつかれるかも，といったリスクも増えており，人間の日々の暮らしにすら様々な影響を与えるようになってきている．我が国におけるこうした悲しむべき現状を顧《かえり》みると，我々日本人に，今更ラオスに対して指導的な目線で外来種の管理不足をあげつらう資格は全くないだろう．しかし，1,000 種を超えるとも推定される在来魚類の宝庫であるメコン川流域において，それらの資源生態に関する十分な調査・研究がなされる前に，今のような無秩序な形で多くの外来魚種が広範囲に分布域を拡大している現状は，今後さらに憂慮すべき事態，すなわち在来種の極端な減少や，あるいは絶滅といった現象が遠からず現実のものとなることを強く示唆している．そうした事態に至る前に，早急に在来魚類の生物学的・資源学的知見の収集を図り，適正な外来種管理を一刻も早く実施すべきではないだろうか．

参考文献

Baird IG, Inthaphaisy V, Kisouvannalath P, Phylavanh B, Mounsouphom B (1999) The fishes of southern Lao. Lao Community Fisheries and Dolphin Protection Project. Ministry of Agriculture and Forestry, Lao PDR.161 p

Baras E, Jacobs B, Melard C (2001) Effect of water temperature on survival, growth and phenotypic sex of mixed (XX-XY) progenies of Nile tilapia *Oreochromis niloticus*. Aquaculture 192:187-199

Conover DO, Kynard BE (1981) Environmental sex determination: interaction of temperature and genotype in a fish. Science 213:577-279

岩田明久，大西信弘，木口由香（2003）南部ラオスの平野部における魚類の生息場所利用と住民の漁労活動．アジア・アフリカ地域研究 3:51-86.

濱崎宏則（2010）メコン河流域の持続可能な発展とローカルガバナンス．水資源・環境研究 3:23-36

Hostache G, Pascal M, Tessier C (1995) Influence de la temperature d'incubation sur le rapport male: femelle chez l'atipa, *Hoplosternum littorale* Hancock (1828). Can J Zool

73:1239-1246.

Koizumi N, Morioka S, Mori A, Vongvichith B, Nishida K, Watabe K, Takemura T (2012) Genetic diversities and population structures of small freshwater fish in Mekong River basin. Proceedings of the "PAWEES 2012 International Conference". CD-ROM 013KOI

Kottelat M (2001) Fishes of Laos. Wildlife Heritage Trust, Colombo. 198pp

Morioka S, Sano K (2009) Growth and maturation of the bumble-bee goby *Brachygobius mekongensis* (Perciformes: Gobiidae) occurring in the Mekong basin, in Vientiane Province, Central Laos. Ichthyol Explor Freshwaters 20:267-275

Morioka S, Chanthasone P, Phommachan P, Vongvichith B (2012) Growth and morphological development of laboratory-reared larval and juvenile three-spot gourami *Trichogaster trichopterus*. Ichthyol Res 59:53-62

Morioka S, Okutsu T, Vongvichith B, Phommachan P, Chanthasone P (2012) Growth and reproduction of early-matured small-sized fishes occurring in central Laos. In: Sustainable Stock Management and Development of Aquaculture Technology Suitable for Southeaset Asia (Tanaka K, Morioka S, Watanabe S eds), pp. 107-113. JIRCAS Working Report 75, JIRCAS, Tsukuba

森岡伸介，小出水規行，Vongvichith B（2013）ラオス産小型魚類２種の DNA マーカーによる遺伝的多様性・集団構造評価．JIRCAS 成果情報 21．https://www.jircas.go.jp/ja/publication/research_results/2013_c01

Morioka S, Koizumi N, Vongvichith B (2014) Seasonal growth and reproduction of *Rasbora rubrodorsalis*, a small-sized cyprinid fish from central Laos (Teleostei: Cyprinidae). Ichthyol Explor Freshwaters 25:277-287

Morioka S, Vongvichith B, Marui J, Okutsu T, Phomikong P, Avakul P, Jutagate T (2019) Characteristics of two populations of Thai river sprat *Clupeichthys aesarnensis* from man-made reservoirs in Thailand and Laos, with aspects of gonad development. Fish Sci 85: 667-675

長濱嘉孝，小林　亨，松田　勝（2004）魚類の性決定と生殖腺の性分化／性転換．蛋白質核酸　酵素 49:116-123

Okutsu T, Morioka S, Shinji J, Chanthasone P (2011) Growth and reproduction of the glassperch *Parambassis siamensis* (Teleostei: Ambassidae) in Central Laos. Ichthyo Expor Freshwaters 22:97-106

山下倫明，川口奈々美（2006）環境水温と魚類の性分化との関係．水研センター研報 4:13-17

第Ⅺ章　ダム湖の功罪
ーダムによる河川分断とダム湖での漁業振興ー

森岡伸介

ラオスを南北に縦断して流れるメコン川の流域にはいくつものダムが建設されており，そうしたダムは治水・灌漑《かんがい》の用途を有するものも少なくないが，多くは発電を主目的として建設されたものである．メコン川の流域では今後もこのようなダムの建設がさらに継続的に行われる計画であり，中国企業の出資によるものを主体に2030年までに200基のダムが建設予定であるという（NHK 2019）．

これまでにラオス国内で建設された発電ダムはメコン川の支流に建設されたもので，その数は計60基以上にのぼるが（NHK 2019），2018年までは本流に設けられたダムは中国内の数基（Xiaowanダムなど）に限られていた．一方で，ラオス以南のメコン川本流のダム建設に関しては，タイ，ラオス，カンボジアおよびベトナムが加盟国となっている国際機関のメコン川委員会*（Mekong River Commission，略称MRC）は，流域の生態系保全の観点や周辺の住民の強制移住などの問題から慎重な立場をとっている．特にラオスよりもメコン川下流部に位置するベトナムとカンボジアは，ラオス国内でのメコン川本流のダム建設には反対の立場をとってきた．一方で中国は，同国がMRCの加盟国ではないこともあり，メコン川でのダム建設については同委員会の指針とは一線を画しており，ラオス以南のダム建設にも積極的な立場を示している．しかし，現在中国にある本流のダムだけでも，その取水や放水による水位変動が下流域の推定6,000万人と言われる漁民・農民の生活に甚大な影響を及ぼす恐れがあり，と

---

* メコン川の水資源と流域管理に関する国際機関

りわけ漁業資源へのネガティブな影響が大きく懸念されている（ナショナルジオグラフィック 2015）（図 1）.

ラオス以南のメコン川支流域に現存するダムで発電される電力は，隣国のタイ，ベトナムおよびカンボジアに売電されると同時に（幸坂 2019），ラオス国内にも供給されている．しかしながら，現在のラオス国内の電力需要はダム建設時に想定されていた電力量の 3 割程度に過ぎず，今では過剰供給状態にあるという（NHK 2019）．こうした現状であるにもかかわらず，ラオス政府は 2010 年にメコン川本流における Xayaburi ダムの建設計画を発表した．主な電力供給先を隣国のタイとするこのダム建設は 2012 年に着工されたが，その後，2014 年にベトナムのホーチミン市で開催された MRC 会合の場で，ラオス国内の本流ダムに反対の立場をとってきたベトナムとカンボジア主導で「ダム建設などによる川の生態系への影響の最小化」を盛り込んだ共同声明「ホーチミン宣言」が示され，ラオスに対し本流域におけるダム建設に関する慎重な対応を強く求めた．しかし，この宣言にもかかわらず Xayaburi ダムの建設はその後も継続され，その結果，同ダムはラオス以南で初めてメコン川本流に建設されたダムとして 2019 年に竣工し，同年にその稼働が始まったのである（Thailand Construction News 2019）（図 1）．また，ラオス南部のカンボジア国境にほど近い Don Sahong ダム（図 1）も，2000 年代にマレーシア企業を事業主体として建設計画が発表され，2019 年に試験運用が開始された（Phnom Penh Post 2019）.

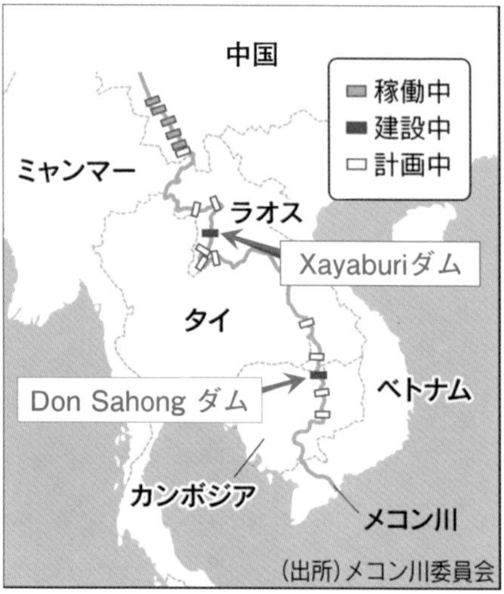

図 1　メコン川本流で稼働・建設中および建設が予定されているダム

［MRC（2017）より抜粋・改変，図中の Xayaburi ダムは 2019 年に竣工・稼働が開始］

このように，ほぼ同時期にラオス国内におけるメコン川本流ダムの運用が開始され，さらにこれら2基のダム以外にも，ラオス以南で建設が予定・検討されているメコン川本流域のダムは12基にもおよぶ（メコンウォッチ 2012）．加えて中国内でも上記の数基に加えさらなるダム建設も計画されていることから，メコン川本流のダムによる分断化は上下流を問わず今後もさらに進行することだろう．

経済発展のためのファンダメンタルズとして重要な電力供給力の増大や，隣国への電力販売による外貨獲得を通じた経済効果，あるいは治水・灌漑による周辺農業の振興といった面からのダム建設は，メコン川流域各国の重要な国家的プロジェクトである．とはいえ，貴重な多様性を有する流域生物，およびそれら生物資源に大きく依存している流域住民の生活に，今後さらにネガティブな影響を与えることとなるだろう．2018年7月には，当時建設中だったラオス南部のアタプー県内のメコン川支流に建設されていたXepian-Xe Nam Noyダムが大雨のために決壊した．ラオスの英字新聞Vientiane Times（2018年10月20日付）によれば，ダム下流の14,000人以上の住民に被害が及び，42名の死者が出るなどの甚大な被害をもたらしたという．気候変動による影響が大きいと考えられている近年の気象災害の激甚《げきじん》化を考えると，今もなお多数のダム建設が予定されているメコン川本支流域で上記の事故と同様の，あるいはさらに大規模な事故が再び起きてしまう可能性も残念ながら否定はできない．また，2020年1月にはメコン川中流域での深刻な水位の低下が観察されている．これは2019年に流域を襲った広域的な干ばつの影響とする見方もあるが，中国領内の本流に設けられた上記の数基のダムの取水による影響を指摘する人々も数多く（AFP 2019; JBpress 2020），今後も継続的な建設が予想される本流のダムにより，周辺の自然環境や住民に与える負の影響が強く懸念されているのである．

Ⅺ－1　人造湖（ダム）で特異的に大量発生する魚パ・ケオ

上記のように，流域の生物相に与える影響，ひいてはそれら生物相に大きく依存している住民の生活にもネガティブな影響を与えているメコン川流域の多

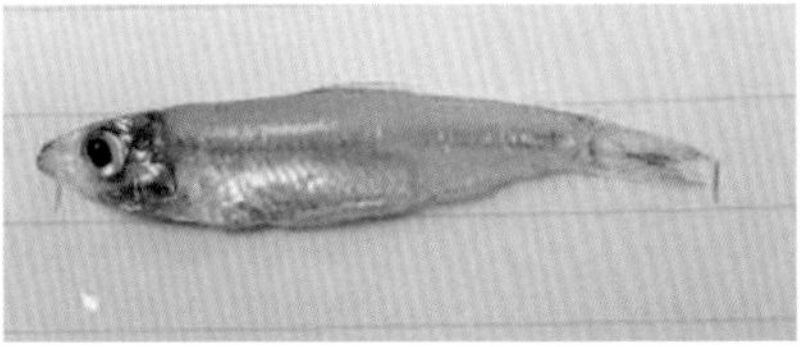

図2　インドシナ半島で広汎に分布するニシン科の小型魚類パ・ケオ *Clupeichthys aesarnensis*. 写真は体長 37mm の成魚

数のダム建設計画であるが，ある魚種にとってはダム湖が極めて生息に適した環境となるケースも見られる．そうした魚種は，他の天然水域では見られないような大規模な個体群をダム湖内で形成し，周辺の漁民の生計を支える重要な漁業資源となっているケースもあるのである．本項ではその代表的な魚種であるニシン科（Clupeidae）の小型魚類で，ラオスでパ・ケオ（Pa keo），タイではプラ・カウ（Pla kaew）と呼ばれる *Clupeichthys aesarnensis*（図2）という魚について触れてみたい．

インドシナ半島に広く分布するこの種は，海に起源をもつニシン科の魚類で，最大体長はおよそ 70mm との報告がある（Baird et al. 1999）．しかし，近年では漁獲されている個体の大半は大きくともせいぜい 40mm 前後であり 50mm を超える個体を見かけることはほとんどない（Morioka et al. 2019）．

本種は英名で Thai river sprat（タイの川のニシン）と称されているように，メコン川本支流などの比較的大規模な河川にも生息することが知られているが（Phomikong et al. 2015），この魚の主な漁獲地であり安定した商業的漁業が成り立っている漁場のほとんどは人造のダム湖である（表1）．この魚がなぜダム湖で大発生するのかは不明だが，小型ゆえに遊泳力のそれほど強くないこの種に

表1　パ・ケオ *Clupeichthys aesarnensis* が重要な漁業資源となっているダム湖の例

ダム湖	建設年	国	河川	建設目的
Nam Ngum ダム [1]	1975	ラオス	メコン支流	発電
Sirindhorn ダム [2]	1971	タイ	メコン支流	発電・灌漑
Ubol Ratana ダム [3]	1966	タイ	メコン支流	発電
Pasak Jolasid ダム [4]	1999	タイ	チャオプラヤ支流	治水・発電
Pak Mun ダム [5]	1999	タイ	メコン支流	発電

1）Morioka et al.（2019），2）Jutagate et al.（2003a），3）Sirimongkonthaworn and Fernando（1994），4）Poungcharean（2006），5）Jutagate et al.（2003b）

とっては，周年を通じて流れが穏やかな水塊であるダム湖は，本種の主食である動物プランクトンが十分に発生する条件が整いさえすれば，個体群の拡大に好適な環境であることを示唆している．また，流れが穏やかな水面という条件を備えたダム湖は，漁業者にとっても操業が容易になるので，本種の漁業に極めて適した環境と言えるだろう．

これらダム湖の中でも，とりわけラオスのNam Ngumダム（図3）では大量に本種が漁獲されており，1998年の推定値では年間約2,000トンの漁獲量があったものと推定されている（Mattson et al. 2000）．Morioka et al.（2019）の情報に基づき，本種の漁獲個体の平均体長をおよそ40mm，平均体重を約0.8gと仮定すると，このNam Ngumダムでは，計算上では年間で約25億尾以上が漁獲されていることとなる．もちろんもっと小さなサイズの個体も漁獲されているはずなので，この推定値はむしろ過少であり，実際の漁獲個体数は30億尾

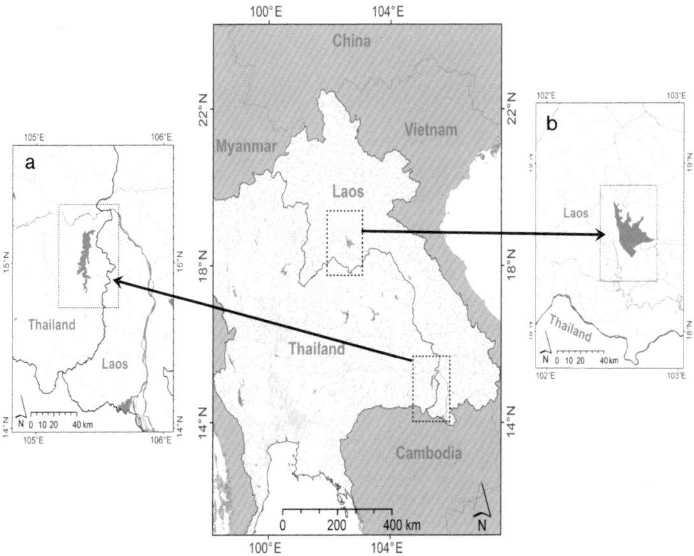

図3　タイのSirindhornダム（a）およびラオスのNam Ngumダム（b）

［Morioka et al.（2019）より抜粋・改変］

を超えると考えても良いだろう．Nam Ngum ダムにおける本種のこうした多量の漁獲は，同じく大きな漁獲地の1つである隣国タイの Sirindhorn ダム（図3）における推定漁獲量である年間約 700 トン（Jutagate et al. 2003a）よりもはるかに大きい．Nam Ngum ダムの水面面積（約 370km^2）が Sirindhorn ダム（約 288km^2）に比べて約 1.3 倍大きく，また前者の平均水深が約 19m と，後者の平均水深 5m と比べてはるかに深いので，Nam Ngum ダムのパ・ケオの個体群の規模（資源の大きさ）は Sirindhorn ダムのそれよりも大きいものと考えられる．しかし，Nam Ngum ダムの漁民の言によれば，10 年前に比べるとパ・ケオの同ダムでの漁獲量は半分以下に減じているという．さらに，Jutagate et al.（2003a）によれば，Sirindhorn ダムではすでに乱獲状態に陥っている可能性があると推定されており，同ダムよりも本種の漁獲量がおよそ 2.8 倍多い Nam Ngum ダムでも今日では乱獲状態となっている可能性は高い．

本種の漁業では，湖面に櫓《やぐら》を組み，その上で夜間にバッテリーを用いたランプを灯火し，パ・ケオが大量に蝟集《いしゅう》したところで，大型の四つ手網で大量に漁獲するという方法がとられている（図4）．それ以前の同湖における漁業では刺し網等の漁具が主流で年間の漁獲は 100t 以下にすぎなかった．しかし，上記の灯火を用いた漁法が 1980 年代から 1990 年にかけて急速に広まってからは漁獲が急増し，上述のように年間 2,000t にまで達したという（Mattson et al. 2000）．このような漁法・漁具の進化により，本種個体群への漁獲圧は飛躍的に大きく

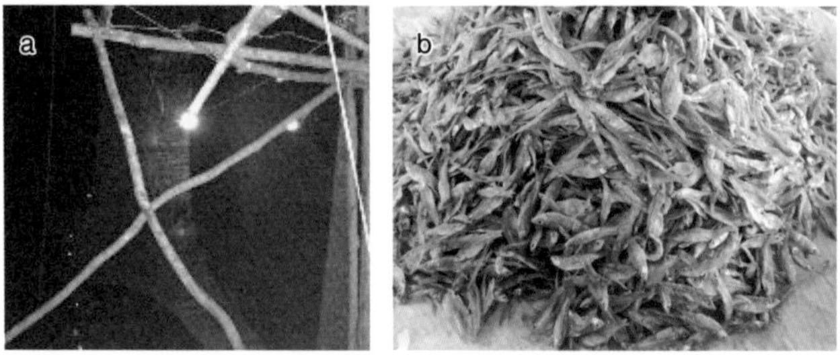

図4　Nam Ngum ダムで行われているパ・ケオ *Clupeichthys aesarnensis* の灯火を用いた四つ手網漁業（a：やぐらの上に設置されたランプと四つ手網，b：パ・ケオの干物）

（写真提供：丸井淳一朗）

なったものと考えられる．

また，本種は，従来はその大半が干物として流通しており，一部が魚粉加工されていたにすぎなかったが，近年になってラオスの伝統的な発酵魚食品であるパ・デーク（Pa daek）の原材料として重宝されるようになり（丸井 2019），需要が急速に増大しているという．その結果，漁獲量が減少傾向にあると言われるNam Ngumダムによる漁獲だけでは需要に追い付けず，ラオス南部のAttapeu県（ベトナムとの国境地帯にある県）の湖まで発酵食品の製造業者が買い付けに行くほど，その重要性は増している（丸井 未発表）．この需要の増大がさらに本種への漁獲圧を増すこととなり，乱獲状態が進行していることは容易に想像できる．

Ⅺ-2　パ・ケオ個体群の成長特性－Sirindhornダムおよび Nam Ngumダム個体群間の比較－

前項で記した背景から，パ・ケオの資源評価・資源管理に有用な生態的情報を得る目的で，筆者らはタイのSirindhornダムおよびラオスのNam Ngumダムにおける同種の調査を行った．タイ東北部に位置するSirindhornダムはラオス中北部のNam Ngumダムよりも400km以上南方に位置し（図3），年間の平均水温は前者の方が1℃以上高い（Morioka et al. 2019）．特に高水温期である3月から9月にかけては，南方に位置するSirindhornダムの方が恒常的に2℃前後高い水温で推移する（図5）．

こうした異なる水温環境下での両ダムのパ・ケオの個体群について，耳石日周輪（第Ⅸ章参照）を利用した日齢解析を通じて，成長モデルの推定を試みた．図6の写真はパ・ケオの耳石（扁平石）であるが，この魚では非常に明瞭な日周輪が観察されると同時に，魚体が成魚まで成長しても扁平石には極度の三次元的な形状変化は生じず平板な板状構造であるため，研磨および日齢観察・解析の容易な種であると言える．

図7は，上記の両ダムにおけるパ・ケオ個体群の成長パターンの違いを示したものである．Sirindhornダム及びNam Ngumダムの両個体群の成長は，双

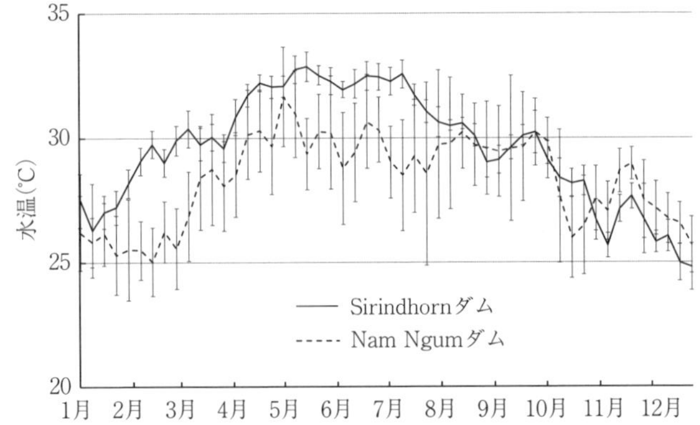

図5　Sirindhorn ダムおよび Nam Ngum ダムの年間水温変動

［Morioka et al. (2019) より抜粋・改変］

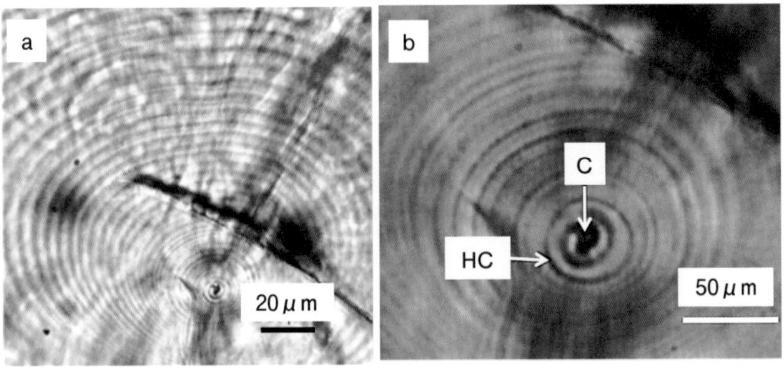

図6　パ・ケオ *Clupeichthys aesarnensis* の耳石（扁平石）に形成される日周輪（a），および耳石核周辺の拡大図（b）．図中 C は耳石核，HC は孵化輪

［Morioka et al. (2019) より抜粋・改変］

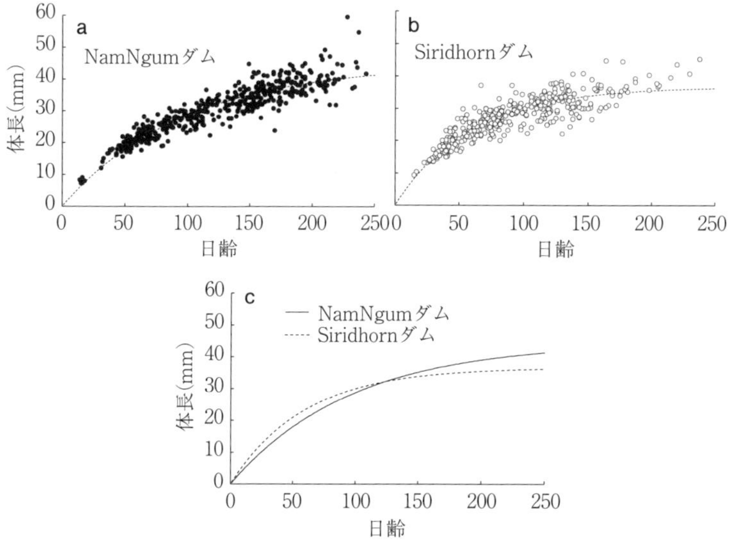

図7　パ・ケオ *Clupeichthys aesarnensis* の成長曲線
a：Nam Ngum ダム個体群，b：Sirindhorn ダム個体群，c：両個体群の成長比較
［Morioka et al.（2019）より抜粋・改変］

方とも下記の von Bertalanffy*成長曲線で近似することができ，両群の成長パターンには統計的に差異があることが明らかとなった（F-test, $p < 0.01$）.

Sirindhorn ダム個体群：

$L_t = 36.72\ (1\text{-}\exp(-0.02 \cdot t))\ (R^2 = 0.85,\ n = 378)$

Nam Ngum ダム個体群

$L_t = 44.76\ (1\text{-}\exp(-0.01 \cdot t))\ (R^2 = 0.89,\ n = 486)$

（t：日齢，L_t：日齢 t 時の体長）

この２つの成長曲線からは，両個体群の理論的な最大体長の推定が可能であり，Sirindhorn 個体群での理論的最大体長が約 36.7mm であるのに対し，Nam Ngum ダム個体群では約 44.8mm と，Nam Ngum 個体群の方が大型化する傾

* 魚類の成長を表す非線形モデルとして一般的に適用される式の一つ

向が見て取れる．さらに，上の二式に基づいて得られた両個体群の日間成長率［$= (L_t - L_t -1) / L_t \times 100$, %］を比較してみると（図8），Sirindhorn個体群の方が日齢約50日頃までは高成長であるのに対し，その後はNam Ngum個体群の方が早い成長を示すことが示された．

ここで，本種の生殖腺重量指数（gonadosomatic index, GSI*）と体長との関係を見てみると，メス・オスともにSirindhorn個体群では体長約20mmでGSIの上昇が観察されるのに対し，Nam Ngum個体群のGSI上昇はおよそ25mm以上の個体で観察されることから，Sirindhorn個体群の方がNam Ngum個体群よりも早期，つまり若齢・小型のうちに性成熟の進行が始まるものと考えられた（図9）．一般的に魚類では高水温で成育した個体の方が若齢で小型のうちに性成熟が進むことが知られていることから（Dotsu 1982），本種においても平均水温の高いSirindhornダム個体群の方で早期成熟が生じているものと考えられる．

こうした環境（特に水温差）による成長や繁殖面での地域差（個体群間の差）に加え，乱獲の可能性についても少し触れてみたい．Conover et al.（2009）やSharpe and Hendry（2009）によれば，魚類個体群では大型個体が選択的に漁獲

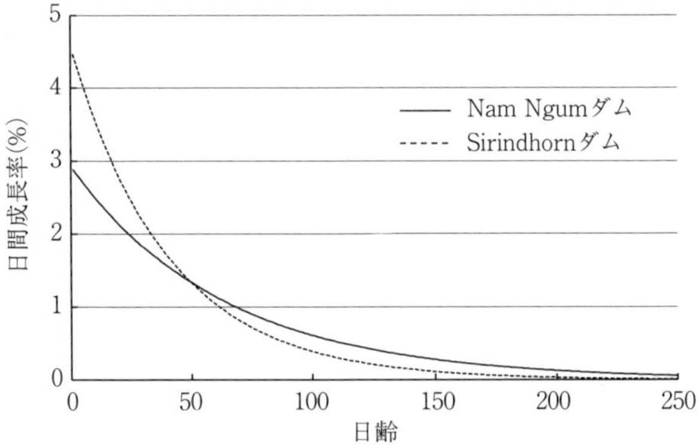

図8　成長曲線から求めたパ・ケオ *Clupeichthys aesarnensis* の日間成長率

［Morioka et al.（2019）より抜粋・改変］

---

*性成熟度を示す指数．生殖腺（卵巣もしくは精巣）重量／体重×100で求められる．

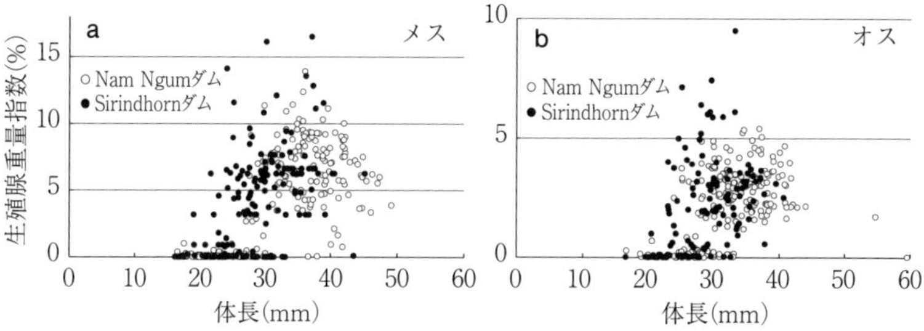

図9　パ・ケオ *Clupeichthys aesarnensis* の Sirindhorn ダム個体群および Nam Ngum ダム個体群の生殖腺重量指数（左：メス，右：オス）

［Morioka et al.（2019）より抜粋・改変］

され続け乱獲が進むと，小型・早熟の遺伝子を有する個体の割合が相対的に大きくなるため（勝川・渡邊 2010），個体群内で「進化的な魚体の小型化（evolutionary down-sizing）」が生じることが多くの魚種で報告されている．ここで，パ・ケオの過去および現在のサイズを見てみると，2000 年前後の報告例では両ダム湖ともに体長 50-60mm，あるいはそれ以上の個体の漁獲例が珍しくないのに対し（Baird et al. 1999; Jutagate et al. 2003a），今回の我々の調査では 50mm を超す個体は極めてまれであった（2012 ～ 2013 年の Sirindhorn ダムでは 378 個体中 0 個体，2016 ～ 2017 年の Nam Ngum ダムでは 486 個体中 2 個体のみ）（Morioka et al. 2019）．また，先に述べたように，成長式に基づく理論的最大体長は，Sirindhorn ダムで約 37mm，Nam Ngum ダムで約 45mm と（図 7），過去に報告された最大サイズよりもはるかに小さい．2000 年以降の経時的な最大サイズの変動が明らかではないため，本種の小型化が進行しているかどうかは必ずしも明確ではない．しかし，Sirindhorn ダムでは 1999-2000 年の漁獲データをもとに乱獲の可能性が指摘されており（Jutagate et al. 2003a），また Nam Ngum ダムでも漁師の言によれば過去 10 年で漁獲が急減し，さらに近年では同湖の漁獲だけでは市場需要に足りないことから，国内南部のダム湖にまで仕入れ業者が買い付けに行っているという．こうした情報から判断すると，両ダムにおいて乱獲による本種の小型が進行しつつある可能性は高い．

XI－3　パ・ケオの資源管理へ向けて

上記で述べたように，ラオスおよびタイのダム湖の双方で，パ・ケオ資源には大きな漁獲圧がかかっており，資源水準は低下傾向にある可能性は高い．したがって，両国において極めて重要な食料資源である本種の資源を，何らかの方法で保全してゆく必要性は非常に高いと言えるだろう．魚種ごとの生態的特徴などから，資源管理のためには様々な手法がこれまでに考案され適用されてきたが，代表的なものとして4つの手法を表2に上げてみた．

パ・ケオの産卵水域はダム湖への流入河川の河口部周辺と考える研究者もいるが，現時点では明らかとなっていない．一方で既報の通り，本種は季節を問わず年間を通じて産卵しているので（Poungcharean 2006; Morioka et al. 2019），産卵場所や産卵期を対象とした保全策である1）や2）の手法では実効性はあまり期待できないと考えられる．しかし，漁網の目合*を大きくすることで小型個体（稚魚や未成魚）の漁獲をある程度抑制することが可能であることから3）の手法には一定の効果は期待できるだろう．また，漁獲量の上限を設けたうえで，漁師による漁獲量を把握する関連機関（組合や当該行政機関）への申告を厳格化する，あるいは漁業水域内の漁具の数やその稼働時間の制限が可能となれば，4）の適用による高い実効性が期待できると考えられる．

表2　魚類における代表的な資源管理手法の例

手法	保全の対象
1）産卵水域での漁獲を制限・禁止する	親魚
2）産卵期の漁獲を制限し，将来の漁獲対象個体を保護する	個体群全体
3）小型個体（仔稚魚・未成魚）の漁獲を制限し，将来の漁獲対象個体を保護する	仔稚魚・未成魚
4）年間の漁獲量を減らす	個体群全体

*漁網の網目の大きさ

参考文献

AFP（2019）ダム建設と干ばつが原因 メコン川が記録的低水位に タイ．https://www.afpbb.com/articles/-/3252624

Baird IG, Inthaphaisy V, Kisouvannalath P, Phylavanh B, Mounsouphom B (1999) The fishes of southern Lao. Lao Community Fisheries and Dolphin Protection Project, Ministry of Agriculture and Forestry, Vientiane

Conover DO, Munch SB, Arnott SA (2009) Reversal of evolutionary downsizing caused by selective harvest of large fish. Proc R Soc B. https://doi.org/10.1098/rspb.2009.0003

Dotsu Y (1982) The early life history of the combtooth blenny *Dasson trossulus* and spawnings of the laboratory-reared fish about three months after hatching. Bull Facul Fish Nagasaki Univ 52:19-27

JBpress（2020）流域住民が困惑，中国のダムで激変「母なるメコン」6000万人を育む巨大河川が危機的状況に．https://jbpress.ismedia.jp/articles/-/59189

Jutagate T, De Silva SS, Mattson NS (2003a) Yield, growth and mortality rate of the Thai river sprat, *Clupeichthys aesarnensis*, in Sirinthorn Reservoir, Thailand. Fish Mgmt Ecol 10:221-231

Jutagate T, Krudpan C, Ngamsnae P, Payooha K, Lamkom T (2003b) Fisheries in the Mun River: a one-year trial of opening the sluice gates of the Pak Mun Dam, Thailand. Kasetsart J (Nat. Sci.) 37:101-116

勝川木綿，渡邊良朗（2010）選択的漁獲による生活史の進化．水産海洋研究，74:84-89

幸坂直樹（2019）ラオスの電力事情 JICA専門家（ラオスエネルギー鉱業省）報告．国際協力機構．

丸井淳一朗（2019）ラオスの味，パデークを科学する．科学，89:824-829

Mattson NS, Balavong V, Nilsson H, Phounsavath S, Hartmann WD (2000) Changes in Fisheries Yield and Catch Composition at the Nam Ngum Reservoir, Lao PDR. pp. 48-55 In: Reservoir and culture-based fisheries: biology and management (ed De Silva SS). Australian Centre for International Agricultural Research, Canberra

メコンウォッチ（2012）メコン河本流ダム建設予定地2012年時点．http://www.mekongwatch.org/report/MekongDamMap2012.html

ナショナルジオグラフィック（2015）メコン川，ダム建設で変わる流域6000万人の生活．ナショナルジオグラフィック日本版．https://style.nikkei.com/article/DGXMZO86189100X20C15A4000000

Mekong River Commission (MRC) (2017) Mekong Mainstream Dams Map. https://www.internationalrivers.org/resources/mekong-mainstream-dams-map-16481

NHK（2019）国際報道2019　ラオス　相次ぐダム建設の裏で．https://www.nhk.or.jp/kokusaihoudou/archive/2018/10/1016.html

日本経済新聞（2014）メコン川流域国が首脳会議，ダム建設巡り対立．https://www.nikkei.com/article/DGXNASGM0501O_V00C14A4FF8000/

Phomikong P, Fukushima M, Sricharoendham B, Nohara S, Jutagate T (2015) Diversity and community structure of fishes in the regulated versus unregulated tributaries of the Mekong River. River Res Applic 31:1262-1275

Poungcharean S (2006) Distribution and early-life development of Thai River Sprat *Clupeichthys aesarnensis* Wongratana, larvae, in Pasak Jolasid Reservoir, Lop Buri Province, Thailand. Kasetsart J. (Nat. Sci.) 40:188-195

Phnom Penh Post (2019) Generating test runs at Laos' Don Sahong dam near Cambodia border. https://www.phnompenhpost.com/business/generating-test-runs-laos-don-sahong-dam-near-cambodia-border

水源連（2018）メコン川開発　中国，ダム建設加速で影響力拡大　下流域の首脳会議，連携強化確認．水源開発問題全国連絡会．http://suigenren.jp/news/2018/04/07/10420/

Sharpe DMT, Hendry AP (2009) Life history change in commercially exploited fish stocks: an analysis of trends across studies. Evol Appl 2:260-275

Sirimongkonthaworn R, Fernando CH (1994) Biology of *Clupeichthys aesarnensis* (Clupeidae) in Ubolratana Reservoir, Thailand, with special reference to food and feeding habits. Hydro Biol 79:95-112

Thailand Construction News (2019) Laos' Xayaburi dam power now feeding EGAT in Thailand's Loei. https://thailand-construction.com/laos-xayaburi-dam-power-now-feeding-egat-in-thailands-loei/

第Ⅻ章　ラオスの魚たち―在来種を水産の主役に―

森岡伸介

本章では，種々のネガティブな条件にさらされながら，それでも今なお豊穣《ほうじょう》な生物相が維持されているメコン川流域における今後の水産の展望について，著者の私見ながらここに記すことで，本書の終章としたい．

メコン川流域は，現在でも年間に100種を上回る新種の生物が発見されており，この中には多くの魚類も含まれるなど（WWF 2018），南米のアマゾン川流域に次ぐ在来生物の宝庫とも言われている．こうした豊かな生物相や自然環境には流域住民の多くが生計を依存しており，その数は6,000万人にも及ぶとされる（WWF 2017）．しかし，本書でこれまでに延べてきたように，様々な人為的な環境改変，例えば外国資本の主導によるダム建設や大規模農場の造成などといった河川や土地の濫用《らんよう》や，養殖を目的に導入された外来魚類の天然水域への逸散・定着が常態化し，急速に環境が変容しつつあるこの地域で，在来の生物相の重要な構成要素である在来魚類について，その保全・増殖が必要なことは言うまでもない．また，魚類摂取量が乏しく，その他の動物性タンパク質へのアクセスに恵まれない山間農村の住民は慢性的な低栄養状態である懸念が強く，そうした地域での在来魚類の養殖は栄養状態の改善の大きな一助となりうる．

上記の背景から我々は，ラオスの在来の魚類を研究の「主役」として位置付け，養殖・資源管理を通じてその保全を前提とした開発・持続的活用，そして増産の可能性を追求してきた．残念ながら，本書で記したいくつかの研究事例をもって，ラオスの水産あるいは在来魚類の保全に関する実態が劇的に改善されることはないだろう．しかし，これまで我々がラオスでの研究を通じて蓄積・開発してきた知見や技術は，試験の対象地域あるいは対象種の範囲は限定的ではあるものの，在来魚類の保全や水産の改善，あるいは農村部住民の生計向上に微力ながら資するものと確信している．ただ，そのためには，この先知識・技術を備えた人材の早急な育成，それら人材が活躍することのできる施設の拡充，そして何よりこうした活動の重要性に関する国民のコンセンサスを得ることが必要となるだろう．

人材育成については，近年ラオス政府は，有為の人材を積極的に技術的な先進性を持つ外国に派遣し，そうした国々での技術習得や学位取得を奨励し，帰国した人材を政府機関で登用することで，国内のキャパシティビルディングを急速に進めつつある．こうした人材が，この先大学や政府機関で教育・研究に携わることで，より広汎な人材育成が進むことを期待したい．さらに，水産分野ではラオスよりも技術的に先を行く隣国タイの民間企業の進出を通じてラオスの養殖技術・人材が強化されるなど，民間ベースでも人材育成が進みつつある．ただ，種苗生産や養魚技術の研究インフラ，あるいは大量生産が可能な飼育施設については，未だ開発途上にあるラオス政府による予算措置に多くの期待はできないことから，急速な改善はおそらく難しい．当面は我が国の国際協力機構(JICA)などのODA機関による資金援助を通じた施設拡充に頼りながら，ラオス自前の経済力の今後の成長を待つしかないだろう．

技術的な観点から見ると，ラオスにおける在来魚類の種苗生産や養殖技術の水準は，我々国際農研が共同研究を開始して以降この10数年で大幅に高まったと言える．今後もラオスの研究機関が自らそれを改善し，対象種の数を増やしてゆくことは決して難しくない．また，現在ラオス農林省は，農産品の認証制度の一つであるGAP*制度のような特定産物の政府認証システムを導入しており，養殖魚ではこれまでにキノボリウオ（キノボリウオ科）とカイヤン（パンガシウス科のナマズの一種）が優良な在来魚類の養殖産物といった理由から同認

---

*Good Agricultural Practice（農業生産工程管理）のことで，農業における食品安全，環境保全，労働安全等の持続可能性を確保するための生産工程管理の取組を意味する

証を取得している．こうした認証制度は，養殖産物の付加価値化につながる施策として興味深いものであり，無認証の産物との差別化を通じてさらなる高付加価値化が期待できることから，民間養魚家のモチベーションの向上につながり，ひいては在来魚類養殖の活性化・広域化にも資するものと言える．また，漁業資源の管理についても，これまでに我々が示してきた手法を他の魚種に適用・転用することは比較的容易であり，科学的知見に基づく資源管理体制を自ら構築してゆくことは十分に可能である．さらに，上記の種苗生産技術を生かして，資源が減少している種については放流事業を通じた増殖を試みることもできるだろう．

メコン川流域では，環境の急変，あるいは外来種の広汎な定着といったネガティブな状況にありながら，先に述べたように毎年多くの新種が発見されるなど，この地域にはまだまだ豊かな生物相が維持されているように見える．しかし，この先も人口増加や経済発展に伴う様々な変化は加速度的に進むものと思われ，何もしなければ早晩環境や生物の多様性の修復が不可能となる不可逆的な時期，いわばPoint of no return*とも言うべき時期がいずれ訪れるに違いない．そうした状況に陥ることなく，在来の魚たちをこの先も保全してゆくためには，これまで養殖の主役とされてきた外来種に代わり，新たに在来種を養殖の「主役」に据えた活用が喫緊の課題である．また漁業資源についても，特に重要種について現在の開発状況を早急に把握し，適正な管理施策を提示する必要がある．そのためにも，ラオス政府による在来魚類の保全・活用に関する明確な方向性の提示が求められ，さらには民間の漁業者や養魚家との連携を強化しつつ，行政・研究機関による実体的な活動が今後も継続されることを願いたい．

*元々は航空用語で、「帰還不能点」（飛行機がもはや出発点に戻る燃料がなくなる点）という意，一般的には「もはや後戻りできない段階」の意で用いられる用語

参考文献

Worldmeter (2017) Laos GDP. https://www.worldometers.info/gdp/laos-gdp/

WWF (2017) メコン川流域の生物多様性保全. https://www.wwf.or.jp/activities/basicinfo/320.html

WWF (2018) メコン川流域で157種の新種発見！最新報告書発表. https://www.wwf.or.jp/activities/activity/3824.html

巻末資料 Appendix

本書英文タイトル Title in English：

Studies on Laotian indigenous fishes and their applications in aquaculture and resource conservation

英文目次 Contents in English

英字著者一覧 Author list

Primary author

Shinsuke Morioka（Project Leader, Fisheries Division, Japan International Research Center for Agricultural Sciences）

Co-authors

Katsumi Hasada（Senior Researcher, Rural Development Division, Japan International Research Center for Agricultural Sciences）

Junichiro Marui（Senior Researcher, Biological Resources and Post-harvest Division, Japan International Research Center for Agricultural Sciences）

Kensuke Kawamura（Senior Researcher, Social Sciences Division, Japan International Research Center for Agricultural Sciences）

Kaori Fujita（Senior Researcher, Biological Resources and Post-harvest Division, Japan International Research Center for Agricultural Sciences）

Tsuyoshi Sugita（Senior Researcher, Fisheries Technology Institute, Japan Fisheries Research and Education Agency）

Bounsong Vongvichith（Head, Aquaculture Unit, Living Aquatic Resources Research Center, National Agriculture and Forestry Research Institute）

Philavanh Boutsavath（Researcher, Division of Planning & Cooperation, National Agriculture and Forestry Research Institute）

Sayvisene Boulom（Lecturer, Department of Rural Economics and Food Technology, Faculty of Agriculture, National University of Laos）

ラオス在来《ざいらい》魚類《ぎょるい》研究《けんきゅう》

～在来種《ざいらいしゅ》の養殖適用《ようしょくてきよう》と資源《しげん》保全《ほぜん》～

2021年 1 月16日　印刷
2021年 1 月30日　発行

定価はカバーに表示しています。

編著者　森岡《もりおか》　伸介《しんすけ》
発行者　高見　唯司
発　行　一般財団法人　農 林 統 計 協 会

〒153-0064　東京都目黒区下目黒3-9-13
目黒・炭やビル
URL：http://www.aafs.or.jp/
電話　03-3492-2987（出版事業推進部）
03-3492-2950（編集部）
振替　00190-5-70255

Studies on Laotian indigenous fishes and their applications in aquaculture and resource conservation

PRINTED IN JAPAN 2021

印刷　前田印刷株式会社

落丁・乱丁本はお取り替えします

ISBN978-4-541-04353-5　C3062